ロマンス・オブ・ティー

緑茶と紅茶の1600年

W. H. ユーカース

ロマンス・オブ・ティー

緑茶と紅茶の1600年

杉本 卓［訳］

八坂書房

メアリー・カサット《お茶》1880年頃
ボストン美術館蔵

扉の図：エミール・ブラック《給仕する少女》19世紀後半

THE ROMANCE OF TEA :
An Outline History of Tea-Drinking through Sixteen Hundred Years
by William H. Ukers
New York : A. A. Knopf, 1936

序——茶に乾杯！

私たちを元気づけてくれるが酔わせることのない、
楽しみと健康のための至高の飲み物を与えよう。

茶は、世界の宝である。元来茶樹は中国のみが専有しており、他の土地に移植しようとする試みをすべて拒んできた。茶を飲む習慣もまたもっぱら中国のものだったため、後に他の国々が取り入れると、それぞれの土地の条件にあわせて茶の飲み方も変わらざるを得なかった。喫茶はイギリスという舞台に格別似合っていることがわかった。アメリカは、イギリスと同様のアフタヌーン・ティーを楽しむようには決してならないであろう。ヘンリーシャツと同じように、それはイギリスに特有のものである。

人間の文明は、三種類の重要な非アルコール飲料を生み出してきた。茶葉から抽出したもの、コーヒー豆から抽出したもの、そしてカカオ豆から抽出したものである。茶葉と豆は、世界で好まれている非アルコール飲料の源である。抽出飲料の総消費量のうち、茶葉が一位であり、コーヒー豆が二位、そしてカカオ豆が三位である。手っ取り早い反応を求めて人々は今でもアルコール飲料に頼っている。それは擬似的な興奮剤であり、しばしば麻酔薬であり抑制薬でもある。茶、コーヒー、ココアは、心臓と神経系と腎臓に対する真の刺激剤である。コーヒーは脳を刺激する作用が強く、ココアは腎臓への刺激作用が強い。茶はコーヒーとココアの間で幸せな地位を占めている。私たちの身体機能の多くを優しく刺激するのである。かくして、この「東洋の恵み」は、非アルコール飲料の中で最高のものとなった。自然自体の製薬工場で調合された純粋で安全で有用な刺激剤であり、人生で最高の歓びの一つである。

長い年月をたどってみると、茶には多くの謎と詩とロマンスがある。その物語は、伝説の郭璞《かくはく》の時代に始まり、十六世紀以上にも及ぶ。その中では、オフルの金を探し求めた紳士的なヨーロッパ人の冒険による絢爛たる東洋への侵入、ギャラウェイと彼の有名なロンドンのコーヒー・ハウスにからんだ後の歴史的な逸話の数々、不公平な茶税を理由にした戦争を戦った国、世界最大の茶の専売、茶を運ぶクリッパー船、オランダ支配下のジャワとスマトラやイギリス支配下のインドとセイロンでの茶の開発に関する驚くべき話、さらに今日の財産として、茶と芸術との結びつき、ロンドンのティー・ハウスの女給仕「ニッピー」、アメリカのティーバッグ、そして現代の洗練された社会的な風習と習慣へと続いていく。なんと華やかな展開だろう！

ウィリアム・H・ユーカース

【目次】

18世紀ヨーロッパでの喫茶の様子
ドイツの逸名画家《産業資本家ヴィィルヘルム・シャイブラーとその妻の肖像》1770年頃
シャイブラー博物館蔵

第*1*章

茶の起源

伝説から史実へ

茶は、何世紀も昔の中国にその起源がある。その初期の歴史は、古代中国の由緒ある曖昧さの中に失われており、大部分が伝承に基づくものである。茶の始まりについて知られていることはすべて、明らかに神話的・伝説的な事柄と複雑に絡み合っているため、何が事実で何が空想なのかは漠然と推測することしかできない。

茶が飲み物として最初に用いられたのがいつなのか、そして、茶葉を処理して用いればおいしい飲み物ができることがどのようにして発見されたのか、といったことは、おそらく決して知ることができないであろう。茶樹の栽培がいつどのように始まったのかを、それなりの正確さで知ることも、同じく難しい。コーヒーが大昔からエチオピアで食物・飲料として使われてきたのと全く同様に、中国人は太古の昔から茶樹を知っており、茶葉を食物とし、その抽出物を飲料としてきたのだから。

中国人は茶が伝説の皇帝神農《しんのう》の治世に出現したとすることによって、曖昧で不明瞭な茶の出現を劇的なものにしてきた。神農は、「聖なる本草家」と呼ばれ、紀元前二七三七年頃に生きていたという。サミュエル・ボールは、東洋の考え方に対して共感的理解を示しながら、こう述べている。「これは、太古のものであるとする虚栄心からというよりもむしろ、古代の習俗と口頭伝承によって是認された一種の礼儀なのである。そのような考え方に基づいて、茶を含む多くの薬効植物の発見が神農に帰されているのである。」

ブレットシュナイダー博士によると、「茶」という漢字は、茶の古典である『茶経《ちゃきょう》』（七六〇頃）が書かれるまでは一般に使われていなかった。茶という文字の書き順は、下図に示したように、中国のやり方にならって、上から書き始め下へと書いていく。

神農（『三才図会』より）

「茶」という中国語の他言語への翻訳は、茶を商品として他国の人々と取引し始めると同時に始まった。アラブ人はそれを「シャイ」と呼び、トルコ人は「チャイ」と呼んだ。日本人は中国の漢字を借用した。ペルシャ人とポルトガル人もまた、それを「チャ」と呼んだ。ロシア人は「チャイ」とした。ドイツ人は厦門《アモイ》方言にならってそれをローマ字化した「テー（thee）」、英語ではオランダ語を経て「テー（tea）」とした。

茶にあたる単語が英語の書物に現れたのは、十七世紀後半のことである。それ以前には、聖書にもシェークスピアの作品にも、茶にあたる英語の単語を見出すことはできない。一六五〇～五九年の文献には「tee」という古い形で登場し、「テイ」と発音されていた。「tea」と最初に綴られたのは一六六〇年であるが、十八世紀半ばまでの発音は依然として「テイ」のままだった。

文明世界の諸言語では、「茶」にあたるそれぞれの単語を、それを最初に栽培し利用していた中国から直接導入した。中国で茶にあたる単語は「茶」であるが、ローマ字で記せば「ch'a」で、広東語では「チャ」と発音される。そして厦門《アモイ》方言では「t'e」と変わり、「テイ」と発音される。これら二つの起源のうちのいずれか一つから、大部分の現代語に、ほとんどもしくは全く変化せずに持ち込まれているのである。

だが、中国人といえども、古くは茶に言及する際に他の灌木の名前を借りざるを得なかった。七二五年頃までは現在の名称「茶」がなかったからである。そのため、それ以前に書かれた著書では、当該の植物が茶なのかそれ以外の植物なのかということは明確に判断できない。

中国最古の本草書である『神農本草《しんのうほんぞう》』には、次のように書かれている。「苦い茶は茶、——あるいは遊と呼ばれている。それは冬に、谷あいの川沿いと（四川地方にある）益州の丘の上で育ち、厳しい冬にも枯れない。第三の月（四月）の三日に収穫し、その後乾燥させる。」また、茶葉については、「頭の腫や膿の不調によい。痰や胸の炎症によっておこる熱を散らす。喉の渇きを癒す。眠気を低減させる。喜びと元気を与える」と述べている。

『神農本草』の記述は、茶が大変古いものだという証拠として繰り返し引かれてきた。はるか昔の紀元前二七〇〇年に活躍した著者が書いたものからの引用であると主張されれば、一般の人々は信じるに値するものと思うことだろう。このような魅惑的な神話を打ち壊すのは、歴史的な正確を期すためにそうせざるを得ないとしても、大変残念なことである。神農の名を冠するこの本が実際に書かれたのは、後漢の時代（二五〜二二〇）になってからであり、さらに茶についての言及が加わるのは「茶」という単語が使われるようになった七世紀以後、伝説的な皇帝の時代から実に三千四百年も後のことなのである。

これは、茶の歴史に入り込んできた数多の誤りのほんの一例である。孔子が紀元前五五〇年頃に編んだともいわれる『詩経』で茶に言及したものと考えられている箇所があるが、これも他のいくつもの事例と同様、疑問視されるようになっている。甘露の伝説もまた、しばしば引用されるものだ。後漢時代にインドで仏教を学んだ甘露が、その後インドから七本の茶の木を持ち帰り、四川省にある蒙山に植えたというものだ。「苦茶」という単語が茶を指して使われている可能性がある記述は、三世紀にいくつかある。だが茶について最初の定義が見られるのは、三五〇年頃の高名な学者郭璞《かくはく》が注釈した中国の字書『爾雅《じが》』である。そこで茶は、「檟」または「苦」という名前のもとに、「葉をわかして作られる飲料」と解説され、さらには、最初に摘んだ茶葉は「茶」といい、最後のものは「茗」というと記されている。

この『爾雅』での言及は、茶の歴史に関する大方の権威者が、茶の栽培についての最も古い信頼できる記録と認めており、郭璞による改訂を経て、三五〇年頃に茶樹が始めて栽培されたという通説の根拠となった。郭璞時代の茶は、処理していない緑茶の葉を煎じた薬用の飲み物で、おそらく苦いものだっただろうが、その香りは好意的な注意をひいていた。中国の女流作家である鮑令暉は『香茗賦』と題する書で茶の香りについて書いている。喫茶についての言及は、晋王朝（二八〇〜三一六）の歴史書である『晋書』にも見られる。そこには、楊州の知事であった桓温（三一二〜三七三）について「質素な性格で、宴のたびに供え物を七つだけ出し、あとは茶菓《さか》を出しただけだ」と述べられている。

この時代の茶の製造過程と茶から作られる飲料がどのようなものだったかということの手がかりは、北魏王朝（三八六〜五三四）の張揖による字書『広雅』の一節に見ることができる。それによると、湖北地方と四川地方の間の地域で、茶葉を摘み固め、その固形物を赤茶色になるまで焙り、小さく砕き、陶磁器に入れる。それに沸騰した湯を注ぎ、葱、生姜、柑橘類を加える。

五世紀までに茶は交易品となった。皇帝用に特別の茶を取り置く習慣は、だいたいこの頃に始まった。北宋王朝（四二〇〜四七九）の山謙之による『呉興記』に次のように書かれているのである。「浙江地方の烏程の町から西に二十里（一里は七〇五ヤードである）に、温山がある。そこでは、献上茶として皇帝のためにとっておく茶を作っている。」

六世紀末の中国では、茶は薬用飲料以上のものと一般に考えられるようになった。茶を清涼飲料として用いることは、晋の詩人張孟陽（張載）の詩「（四川の）成都楼に登る」（二八〇頃）の中に、次のように要約されている。「芳茶は六情に冠し、滋味は九区に播《ち》る」と。六情とは、満足と怒り、悲しみと喜び、好みと嫌悪、である〔「六情」は、「六清」（六種類の飲料）の誤りと思われる〕。九区は王朝全土を指すものであった。

　薬用から飲用へというこの時代におこった茶飲の変化は、顧炎武の著作によって確認できる。その説明によると、茶が初めて飲用として用いられたのは、隋王朝（五八一〜六一九）の文帝の治世で、さほど尊ばれたわけではないが、美味だと認められていた。しかし、茶は依然として、「身体の有毒な気」に対する治療薬として、また「無気力に対する良薬として」の評判が高かった。

　六世紀には茶の普及はかなり進んでいたが、七八〇年になってようやく、栽培法などの記述を含む茶の専門書が初めて公刊された。中国の高名な作家で茶に詳しい陸羽が、茶商人の求めで『茶経』を出したのだ。この書物では、とりわけ、茶の質と効用について取り上げているのだが、象徴的な例として、漢王朝の皇帝の一人が述べた言葉が引用されている。曰く、「茶の利用は、私の中で驚くほど魅力を増している。どうしてそうなのかはわからないが、私の嗜好は呼び覚まさ

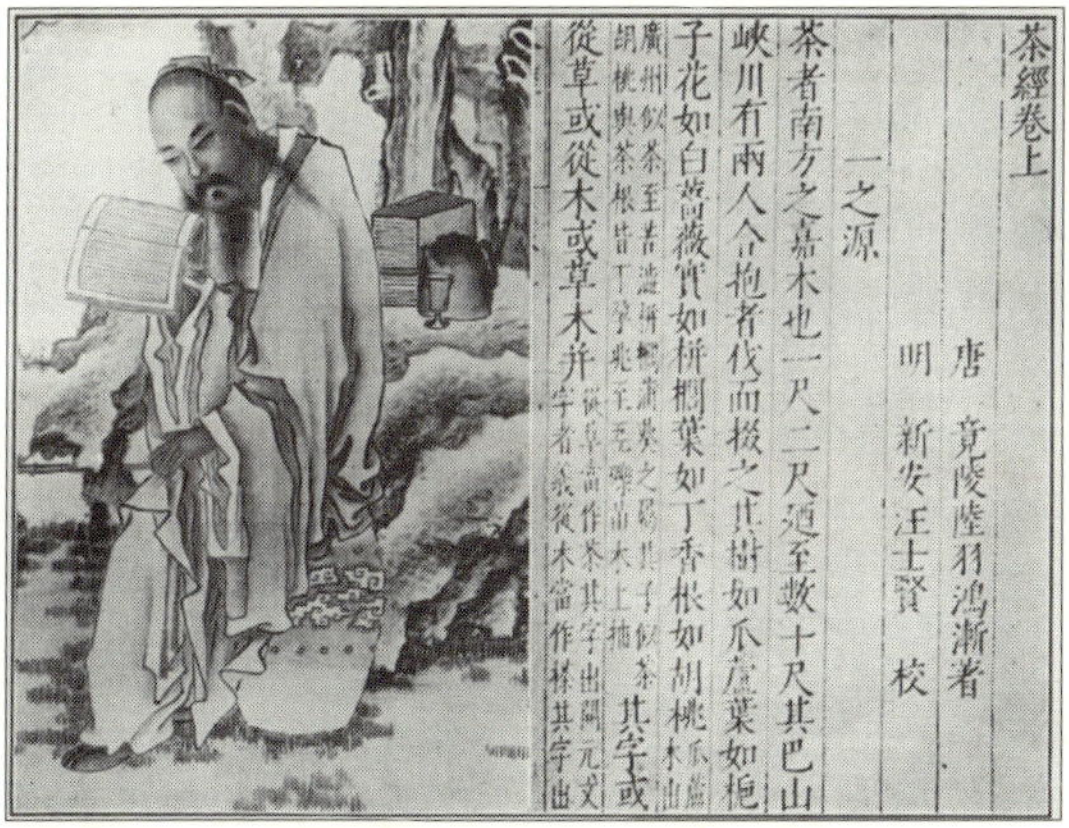

陸羽と『茶経』の一頁

れ、私の魂は快活になっている。それはあたかも酒を飲んだ時のようである」と。この言によって明らかなように、飲料としての茶は、陸羽の時代に、加工していない緑茶の葉を煎じた悪臭のする汁から、もっと魅惑的な浸出液へと進歩していたのである。茶葉を改良する方法とともに、飲用としての茶の質が高まり、スパイスなどを使って香りをよくすることはもはや不要になった。

茶の栽培が中国全土に広がった時期に、茶の文化や製造に関しての乏しい知識は、そのほとんどが口伝てに広まった。当時の書物で茶についてわずかに触れているものもあったが、大部分が断片的で、農民に対して実際的な手引きとなるようなものではなかった。

『茶経』の功績

当時の中国の農民たちは、陸羽から大いなる恩恵を受けている。だが、中国農民の受けた恩恵が多大なものであるとするなら、全世界が受けている恩恵はさらにどれほどのものであろうか。『茶経』によってもたらされた茶の栽培と製造に関する知識がなかったならば、ヤコブソン、ゴードン、ボール、フォーチュンといった探検家たちの時代よりもずっと後まで、世界は喫茶の楽しみについて無知なままでいたかもしれない。彼らは、寡黙なシナ人たちが沈黙を決め込んでいた時代に、この作品から多くのことを学んだ。当時、茶はルビーと同じくらい貴重なもので、外国人と気軽に議論する話題ではなかったし、その栽培と加工の秘訣は開示すべきものではなかったのである。しかし現実には、その秘め事は明かされてしまった。『茶経』は、厳格に守られてきた神秘を、知りたがりの西洋人に顕わにしてしまったのである。

遅かれ早かれ、外国からの訪問者は、最も重要な事実をすべて学んだであろうことは疑いないが、『茶経』は彼らの探求を容易にし、知識が万人に広まる日を早めた。ただ、茶に関する重要事項を外国人に広めてしまうような書物に対して責任を負っていたのが、秘密を守ることにことさら汲々としていたはずの商人自身であったことは、腑に落ちないのだが。

茶商人は、彼らの産業についての断片的な知識を集成する人材を探し求めており、高い能力と多才に恵まれた興味深い人物である陸羽に巡り会ったのは幸運であった。中国の文献のここかしこで点々と触れられているものから、陸羽の冒険に満ちた人生の全容を明らかにすることはたやすい。

彼の出自についての奇妙な話——パピルスに書かれた聖書に出てくるモーゼの話のような匂いのするものだが——によると、彼は拾い子だった。湖北省の福州生まれで、仏教の僧に発見され養子になったと考えられている。後に陸羽は、仏教の聖職の道に入ることを拒んだため、はした仕事ばかりやらされた。そのような修業によって、彼の誇り高い精神がくじかれ、真の謙虚さを学び、因習を重んじる八世紀の謹厳で厳格な現実に適合していくだろうと、期待されてのことであった。

常に極端な個人主義者だった陸羽は、そのような奴隷的務めにうんざりして、開かれた道の誘惑にかられ、逃げ出した。そして、長年の望みである道化師になった。どこに行っても、喜んだ聴衆が彼の道化に喝采を送った。しかし、彼は決して幸せではなかった。道化のまだら模様の服の下には、古く悲しい心の物語があった。陸羽の不満は、学ぶということに対する挫折に由来していた。彼は、老いぼれの道化を演じてはいたが、知識を深く熱望していたのだ。彼を敬愛する一人であったある役人が後援者となり、彼が学ぶための書物を与えた。中国の書物の世界は、太古からの膨大な知恵を蓄えたものであるが、それが彼の前に開けたのである。彼はそれを貪るように吸収した。

その後、陸羽はさらなる野心に掻き立てられることになった。この国に蓄えられてきた膨大な知識に対して、自らも何かを付け加えたいと思ったのである。彼はさらに、新しい知識を作り出したいとさえ願った。茶商人は、まさに彼が求めていた機会を提供してくれた。茶商人たちは、成長しつつあるその産業についての断片的な知識をまとめ上げることのできる人物を必要としていた。彼らは、茶を露骨な商業主義から解き放ち、最終的な理想の姿へと導いてくれる彼の才能を求めていたのである。

陸羽は茶のもてなしの中に、万物を支配しているのと同じ調和と秩序を見た。彼は、茶の最初の信奉者になった。『茶経』によって彼は後援者たちに、「茶の回顧録」、もしくは俗にいう「茶の聖典」、「茶の古典」をもたらした。また、彼は茶の規範を定めた最初の人でもあった。そこから日本人は後に茶の湯を発展させた。

英国の批評家ラスキンがいうように、もし「ある物を見てそれを簡単なことばで言い表すことが、人間のできる最も偉大な行為である」ならば、名声不朽の偉人の中に陸羽を含めない者はいないだろう。

陸羽は自らの国で有名になった。彼が自分の足が粘土でできていると主張したことは、とるにたらない出来事である。彼を敬愛する人々はよりよくわきまえており、陸羽を文字通り賛美した。彼はそれ以来、中国の茶商人を支える聖人として崇拝されている。

彼の晩年は甘美なものであった。いや、そうなるはずであった。陸羽は皇帝の後ろ盾を得て、富める者も貧しい者も皆彼に敬意を払った。だが、失望が彼の足跡にしのびよってきた。人生は喜劇である。しかし喜劇はあまり真剣には受け取られない。これが結局のところその隠れた意味だったのだろうか？　彼はそれを考えなければならなかった。賢人たちは正しかったのだろうか？　彼は瞑想に入り込んでいった。彼は、真実によって完全な人間になれるという信念のもとに、真実を求めようとした。彼は孤独に引きこもり、人生の謎を解こうとした。そして彼は、出発点へと戻っていった。彼の人生は、振り出しに戻ったのだ。「真実を知る者は、真実を愛する者に匹敵しない。真実を愛する者は、尽日の中に喜びを見いだす者に匹敵しない」と孔子は教えてはいなかっただろうか？

陸羽は七七五年に隠者となった。その五年後に『茶経』が出版され、彼は八〇四年に没した。

『茶経』は三巻からなり、全十部で構成されている。第一部では茶樹の性質、第二部では茶葉収穫のための道具、第三部では茶葉の処理について述べられている。第四部には茶の用具を二十四種類列挙してあるが、この部分では老荘思想の象徴性に対する陸羽の偏愛と、中国の陶芸に茶が与えた影響が際立って見えるかもしれない。第五部では浸出方法に言及し、後半の五部の記述には、日常の喫茶法、歴史的概略、有名な茶園の紹介、そして茶器の例解などが含まれている。

茶が一般に利用されるようになったのは、隋（五八一～六一九）の文帝の治世（茶に関するもう一つの書物である『茶譜』の著者が、この治世に初めて茶が飲料として用いられたと書いている）と、唐の徳宗の治世（その七九三年に最初の茶税が課せられた）の二〇〇年間のどこかであったといわれている。

この時期に茶をどのようにいれていたかということは、八五〇年頃に中国を訪れた二人のアラブ人旅行者が説明している。彼らによると、茶は中国でありふれた飲み物であり、中国人は湯を沸かして、やけどするほどの熱湯を茶葉に注いでいたと記されている。さらに、「茶の浸出液のおかげで、彼らは病気知らずである」と付け加えられている。

九世紀の中国人が、今日とほぼ同じように茶葉を浸出していたことは明らかである。また、彼らが引き続き、茶には薬としての効力があると考えていたことも明白である。

宋王朝の時代（九六〇～一二八〇）までに、茶はすべての地方で用いられるようになっており、泡立てた茶は茶愛好家の間で流行になった。乾燥した茶葉をひいて細かい粉末にし、湯に入れ、竹でできた茶筅《ちゃせん》を使って泡立てた。塩で味付けをする習慣は完全に消え失せ、茶は初めてそれ自体の味と香りを楽しむものとして飲まれるようになったのだ。

茶通の人々の熱狂は今やすっかり高揚し、その時代の社会的・知的交流に反映された。新種の茶が熱心に探し求められ、それらの長所を定めるために品評会が開かれた。北宋の皇帝徽宗（趙佶、在位一一〇〇～二五）は、非常に芸術的気質が高かったのだが、新しく珍しい種類を手に入れるためには労を惜しまなかった。この目利きの皇帝の記した二十種類の茶に関する著作では、『白茶』が最も珍しく最も優雅なものだとされている。

洗練された茶房があらゆる町に出現し、寺院では南禅宗（達磨《だるま》によってインドで設立され、五一九年に中国にもたらされた宗派）の僧侶たちが達磨の像の前に集まり、荘厳な儀式の中で一つの茶碗から茶を飲んだ。その十二世紀後の明の時代（一三六八～一六四四）には、茶についての二冊目の書物が現れた。中国の学者朱権による『茶譜』である。だがしかし、この著作は歴史的価値は低いとされている。

茶樹の栽培

Thea というのが、茶樹の植物学的名称であり、ドイツの博物学者エンゲルベルト・ケンペル（一六五一～一七一六）が最初に使った。それは、ギリシャ語の Θεα をラテン語化したものである。ギ

リシャ語のΘεα（テイアー）は、女神を意味し、したがって、もしかしたら「神の薬草」という意味をもっていたのかもしれない。

　茶樹をテア・シネンシス（*Thea sinensis*）と最初に分類したのは、リンナエウスという名前でよく知られているスウェーデンの植物学者カール・フォン・リンネ（一七〇七～七八）で、一七五三年のことである。それ以来、チャ属はリンネの分類によるカメリア属を含むものとされるようになった。カメリア属は、白または赤い花がお馴染みのツバキ（*Camellia japonica*）でよく知られている［チャは現在では*Camellia sinensis*に分類され、カメリア属の一種となっている］。

茶の図［ケンペル『廻国奇観』1712年より］

　茶樹は、常緑の灌木で、自然状態では四・五～九・一メートルの高さになる。しかし、農園では、〇・九～一・五メートルに剪定しておく。全体的な見た目と葉の形は、フトモモ科の植物に似ている。その花は白く雄しべの先は黄色で、野生のバラを思わせる。茶の実にはタネが三つある。

　茶樹は標高およそ千八百メートルまでの熱帯地域に生育する。温帯地域では、霜の危険があるため、高度の低いところで栽培しなければならない。とはいえ、コーヒーと同様、栽培に最も適しているのは、熱帯のより高度が高い場所である。

茶が栽培されているのは、緯度にして七十五度の範囲、すなわち北緯四十二度のロシアのザカフカスから南緯三十三度のアルゼンチン北部にまで及ぶ。しかし、最も重要な茶生産地域は、緯度にして南緯八度のジャワから北緯三十五度の日本までの約四十三度の範囲、経度にして東経八十度から百四十度までの六十度の範囲に限られている。この地域には、中国、日本、台湾、ジャワ、スマトラ、スリランカ、インドが含まれている。

茶樹の葉の他に、花もしばしば乾燥して、葉と同じように飲料の材料にする。花から作られた飲み物は、茶の代用品になるといってよいだろう。

あるいは最も重要な代用品はマテ茶かもしれない。それはまた、くさ茶、パラグアイ茶、ブラジル茶としても知られている。マテ茶はモチノキ科のイレクス・パラグアイエンシス（*Ilex paraguaiensis*、マテチャ）の葉を煎って砕き、それに熱湯を入れて作り、ビンの形をした瓜から濾過器を通して管で飲む。砂糖とミルクまたはオレンジジュース、ライムジュ

チャ［ウッドヴィル『薬用植物誌』1791年より］

ース、レモンジュースを加えて飲むこともある。

茶の代用品を数え上げればきりがない。多くの国には独自の「茶」があり、第一次世界大戦の緊迫した事態によって古くから伝わる多くの製法がかき集められ、新たな製法が加えられた。

茶樹の起源が中国かインドかということについては、長年にわたって科学者たちの間で盛んに議論されてきた。中国種の茶がインドに苦労の末持ち込まれたのは、インド原産のアッサム種が一八二三年に発見されたずっと後であり、茶がインドから中国にどのように来たのかについては古い物語がいくつもある。現在では、茶樹がインドと中国の両方に土着のものだったということがわかっている。野生の茶樹は、タイ北部のシャン地方、ビルマ〔現ミャンマー〕東部、雲南、インドシナ半島北部、英領インドといった地域（自然そのも

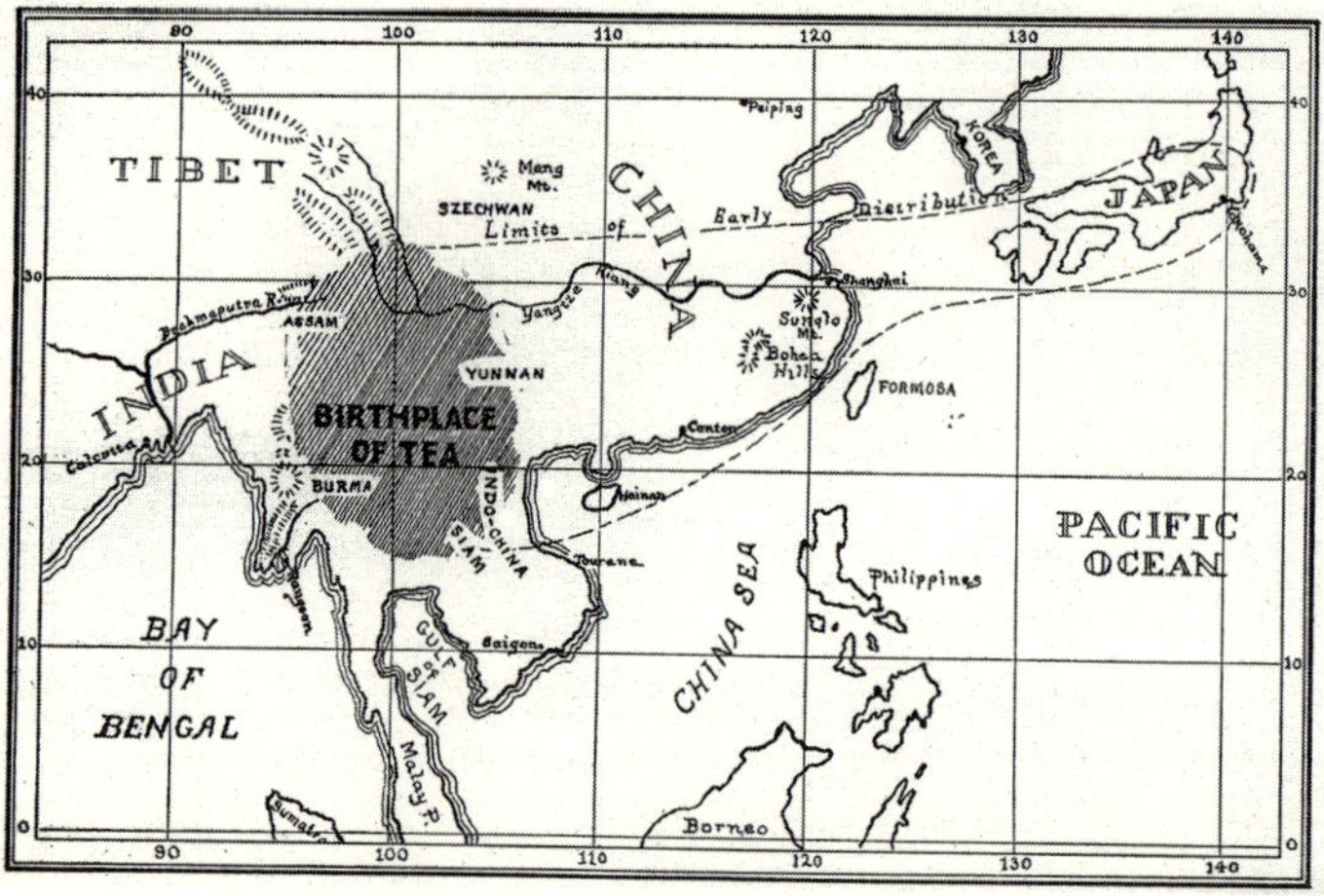

東南アジア、モンスーン地帯の茶樹原生地（斜線部分）

のの茶園だ）の森林で生育しているのが今でも見つかる。したがって、茶樹は中国とインドを含む東南アジアの地域に土着のものだといってよいだろう。野生の茶が見つかった様々な国の政治的境界は、インド、ビルマ、タイ、雲南、インドシナの国境を定めるように人間が描いた、全く想像上の線なのである。この土地を別々の国家に分けるという考えが出てくる前は、一つの原生の茶園をなしていた。そこでは、土壌、気候、降雨の条件が幸運な組み合わせになっていたため、茶樹が自然に生え広がったのである。

現代の中国の記録によれば、茶樹栽培は紀元三五〇年頃に内陸の四川省で始まり、揚子江に沿って海沿いの省にまで徐々に広がったとされている。しかしながら、『茶譜』の著者は――ずっと後にその本を書いたのであるが――最初に茶が発見されたのは武夷山脈だとしている。それは、一般に流布していた意見に従ったということもあるし、またもしかしたら、中国の中で最も名高い茶どころの一つを結び付けることによって、彼の話に大きなきらめきを加えようとしたのかもしれない。唐の時代（六一八～九〇七）に、茶栽培は現在の四川、湖北、湖南、河南、浙江、江蘇、江西、福建、広東、安徽、陝西、貴州の各省に広まった。湖北と湖南の茶樹は、質の高さで有名になり、そこの茶樹から作られた茶は皇帝のために確保されていた。

仏教の僧に影響を受けたと考えられる昔の言い伝えでは、人が立ち入るのが困難な場所から茶葉を集めるのに猿が使われたとされている。しばしば猿たちはその仕事のために訓練された。また、茶樹の茂みの間に猿の姿を見つけると、中国人は彼らに向かって石を投げ付けた。怒った猿たちは、茶の木から枝を折って、敵に向かって投げ返した。

栽培が多くの省に広まった末、茶は他の土地からの旅行者の注意を引くようになり、中国は茶樹栽培を他国に広める源となった。茶が伝わった最初の国は日本で、そこでは中国よりもずっと重要な社会的地位を占めるようになった。

茶を集める猿たち
伝説をもとにした19世紀の図解
［W.H.Ukers『All About Tea』1935より］

日本への伝来

茶の知識が日本という島国にもたらされたのは、おそらく、聖徳太子の治世の五九三年頃のことで、中国の文化、芸術、仏教とともに持ち込まれたものと思われる。実際の茶樹栽培が日本の仏僧によって導入されたのは、ずっと後のことである。日本における茶の歴史上有名なこれらの僧たちの多くは、中国で仏教の勉学にいそしんでいる間に、茶樹栽培のことを知るようになった。彼らは茶の種子を携えて日本に帰り、それが日本の栽培茶の由来となっているのである。

日本の神話では、中国の茶の起源を達磨《だるま》（インドでは菩提達磨《ボディーダルマ》として知られている）に帰している。達磨は仏教の一宗派である禅宗の開祖であり、仏教の二十八代目の祖師であった。インドを出た彼は、武帝の治世であった五二〇年頃に広東に至ったが、その際に宗主の聖なる鉢を携えていた。武帝は南京の都にこの賢人を招き、山中の洞穴寺院を聖域として彼に与えた。ここで達磨（中国での呼び名は「白い仏陀」）は、九年間壁に向かって瞑想しながら座り続けたといわれている。そのため彼は、「壁を見つめている聖人」と呼ばれてきた。

達磨の伝説によれば、ある時彼は瞑想中に眠りに落ちた。目が覚めた時、彼は後悔のあまり、自らまぶたを切り落とし、二度と同じ罪を繰り返さないようにした。切断したまぶたが土に落ちたところに、奇妙な植物が出現した。その葉からは、眠りを妨げる飲み物を作れることがわかった。このようにして、神聖な草が生まれ、茶飲料が生まれたのである。

後に達磨は、真の価値が見いだされるのは仕事の中ではなく、もっぱら清浄と知恵の中だけだといって、支援してくれていた皇帝を

揚子江を渡る達磨
1600年頃の中国絵画、大英博物館蔵

立腹させた。その結果、彼は荒れて波立つ揚子江を葦舟で渡り、洛陽に退いたといわれている。

権威ある歴史書『公事根源《くじこんげん》』と『奥儀抄《おうぎしょう》』によると、天平時代の初年（七二九）に、皇居で仏典を四日間読むために招集した百人の僧に対して、聖武天皇が「挽き茶」を振る舞った。

儀式を重んじる僧たちに高価で珍しいこの飲み物を紹介したことが、自ら茶樹を育てたいという願望を彼らの中に喚起させたのは明白である。奈良時代の僧行基《ぎょうき》（六六八〜七四九）は四十七の寺を建立し、それらの寺の庭に茶を植えることで彼の一生の仕事を飾った。これが記録に残る日本で最初の茶の栽培である。

延暦十三（七九四）年に、桓武天皇は平安京に皇居を建てた。そこで彼は中国の建築を取り入れ、茶園を囲った。茶園を管理するために、公的な職が作られたが、それは典薬寮局の中に作られた。このことは、茶樹が当時医薬のための木だと見なされていたことを示している。

続いて、延暦二十四（八〇五）年に、最澄（伝教大師）は中国での勉学から帰国し、その際に持ち帰った茶の種子を近江の国比叡山のふもと坂本村に植えた。今日の池上の茶園は、伝教大師が最初に植えた場所に位置しているといわれている。

翌大同元（八〇六）年には、空海（弘法大師）が中国での勉学から帰国した。彼は傑出した先達の伝教大師と同様、この有用な植物に感じ入り、宮殿と寺院の発達に特徴づけられる隣国の進歩に感銘を受けたため、自国でも茶が隣国と同じかそれ以上の地位を占めるようになるのを目にしたいと願った。彼もまた大量の茶の種子を持ち帰り、様々な場所に植えたとされる。また同時に、茶の製造過程の知識も導入したともいわれている。

寺院の庭で茶を育てようという僧侶たちの試みは、明らかに成功したようだ。中世日本の歴史書『日本後記』と『類聚国史《るいじゅうこくし》』によると、弘仁六（八一五）年に嵯峨天皇は近江の国滋賀韓崎の梵釈寺に行幸し、そこで僧永忠が茶でもてなした、とある。

さらに、その寺で出された飲み物に天皇はいたく喜び、朝廷の近辺の五つの地方で茶の栽培を命じ、皇室で用いるために茶葉を年貢として差し出すよう求めた。

茶樹栽培は、大和の現光寺でもうまくいった。同じ歴史書によると、退位した宇多《うだ》天皇が、昌泰元（八九八）年に現光寺を訪れた際、別当聖珠大師がよい香りのする茶でもてなした、とある。

この時代、茶は平安京で社交的な飲み物として人気が高まっていた。とはいっても、高位にある人々の間でもっぱら薬として用いられていたのであるが。しかしその後、劇的な後退が起こった。日本に戦国時代が訪れ、茶はほぼ二百年間、実質的に忘れ去られた。この期間、喫茶の習慣は顧みられず、茶樹の栽培には全く注意が向けられなかった。

平和が戻ると、喫茶は再びよみがえった。それは、日本の茶の歴史上で最も輝かしい人物の一人である栄西禅師（千光国師）による、建久二（一一九一）年の出来事であった。彼は、中国から新しい種子を持ち帰り、筑前の福岡城の南西にある背振山《せぶりさん》の山腹に植えた。これが日本への茶樹の再導入であった。彼はさらに、博多の聖福寺《しょうふくじ》の庭にも植えた。
栄西は茶樹を植え育てただけでなく、神聖な療法の源として茶をとらえており、茶に関する日本で最初の書物『喫茶養生記《きっさようじょうき》』（文字通りの意味は、茶による衛生についての本）を記した。この本で栄西は、喫茶は人間の生命を保つための「神聖な治療法であり天からの最高の贈り物だ」と述べている。茶の利用は、以前はごく少数の僧と貴族に限られていたが、これ以後は一般の人々にまで広まり始めた。

茶の人気を決定付けることになる、はなばなしい出来事があった。そこでは、茶は不思議な万能薬として注目を集めた。将軍源実朝（一二〇三～一九）は、大食から重病におちいり、回復を願って栄西に祈禱を求めた。栄西は自分の祈願の効き目を全く疑わず、さらに祈りに加えて自らの好む飲み物を用いるため、彼の寺で育てた茶を取りに急いで使いを送った。彼は、自らの手でいれた茶を病人に与えた。すると、驚いたことに、将軍は一命を取り留めたのである。当然、実朝は茶についてもっと知りたくなった。そこで栄西は、自分の書いた書物を一冊実朝に贈り、それ以後将軍は茶の愛好者になったという。この新しい治療薬の名声は広範囲に広まり、貴族も平民も等しくその治療力を求めた。

社会を動かす動因としての茶の魅力は、熟練した陶工藤四郎（加藤四郎左衛門景正）によってもたらされた一式の茶器によって、さらに高められた。藤四郎は、宋王朝（九六〇～一二七九）から釉薬《ゆうやく》を輸入した。釉薬の茶器の登場で、茶は上流階級の流行となった。

ちょうど同じ頃、京都近郊の栂尾《とがのお》では華厳宗の僧明恵《みょうえ》に対して、栄西が茶の種子に、栽培と製造の説明を添えて贈った。明恵は指示に注意深く従って茶樹を育て、この庭で生み出された茶は彼の寺などで用いられた。

茶の飲料としての利用がより一般的になるにつれて、茶樹の栽培は他の地域にも徐々に広がりをみせ、元文三（一七三八）年、永谷宗七郎（宗円）による煎茶製法の発明を機に、日本全国で栽培されるようになった。

茶樹が原生する英領インドのアッサム地方からヒマラヤを望む
1847年のスケッチ
［W.H.Ukers『All About Tea』1935より］

第2章
茶の東洋征服

ジャワ——茶産業の確立

長年にわたって、茶をうまく育成し製造できるのは中国と日本だけだと考えられていた。そのため、オランダ人とイギリス人が東インド諸島の領地で茶を育成しようと考え始めたのは、ポルトガルの探検家たちが東インド諸島と極東に到達したずっと後のことだった。

オランダ人はイギリス人よりも、独自の茶樹栽培を開発することに積極的だった。しかし、オランダ人がイギリス人をジャワから追い出し、ドイツの博物学者であり密輸業者であり医者でもあったアンドレアス・クライアーがその地で日本茶を育てようと初めて考えたのは、オランダに茶が知られるようになりオランダ商人が茶を商うようになってから、実に七十四年も経た一六八四年のことであった。彼の実験（茶樹をバタヴィアにある彼の豪邸を飾るために用いた）からは何も生み出されなかったが、これによってクライアーは、ジャワで茶を育てた最初の人物という称号を与えられている。

このように、ジャワとスマトラでの茶の広まりは、日本からの茶で始まった。それに続いて中国から持ち込まれた茶樹も加わった。しかし、英領インドから一八七八年にアッサム茶の種子が持ち込まれてはじめて、茶の勝利は完全なものとなった。実際、ジャワで茶が征服を達成するには、二百年以上の時間がかかった。クライアーが日本茶の種子を輸入してから、オランダの東インド会社が中国から持ち込んだ茶の種子を使って独自に茶を育てようと決めるまで、四十年以上の時が経過していた。オランダ東インド会社は、中国・日本との貿易においてオーストリア領ネーデルランド商人との競争での警戒心につき動かされていたのは疑いなく、彼らの貿易を妨害する方法を探していたのである。

オランダ東インド会社の重役会である「十七人会」は、一七二八年にはオランダ領東インド政府に対して代表団の役を果たしていたが、中国茶の種子をジャワだけでなく喜望峰、セイロン、ジャファナパットナムでも植えるべきだと論じていた。

オランダ東インド政府はこの試みを冷ややかに見ており、ほとんど励ましを与えなかった。ジャワで茶を育てられるかどうか、疑っていたのである。「尊敬すべき高貴な貴族たち」の提案をしぶしぶ受け入れ、その地で茶の最終製品を一ポンド最初に作った者にボーナスを出すという実験を行うことになった時も、明らかに、オランダ東インド会社はこの問題を極めようとしてはいなかった。その数年後、東インド会社はヨーロッパの茶貿易を再び独占し、もっぱらヨーロッパ大陸で茶製品を販売するこ

中国からジャワへ初めて茶を運んだ頃の帆がむしろでできた船
［W.H.Ukers『All About Tea』1935より］

とで満足していたために、煩わしい茶栽培を止めてしまった。

オランダがジャワで茶を育てるという課題を復活させたのは、一八二三年のことである。それは、イギリスがインドで原生の茶樹を発見した年であった。翌一八二四年に、日本のオランダ商館にいた植物学者フィリップ・フランツ・フォン・シーボルト博士は、茶樹の種子を確実に入手しそれをジャワに送るよう命じられた。最初の移送は失敗したが、二度目の移送は一八二六年にジャワに届き、その年にボイテンゾルフ植物園で生育に成功し、さらに翌一八二七年にはガロートの近辺でも成功した。

J. I. L. L. ヤコブソン

同じく一八二七年には、南ブラバントの前知事であるL・P・J・ヴィスカウント・ドゥ・ブス・デ・ヒシフニース長官がジャワに送られ、私企業を起こした。彼は実験農園を開き、ジャワの茶栽培の真の創設者であり父であるJ・I・L・L・ヤコブソンにお膳立てをした。

ヤコブソンは、熟練した茶鑑定人でオランダ商会の茶を試飲して質を確かめるために、オランダから広東に向かっていた。彼がジャワに着いた時には、ボイテンゾルフとガロートあたりの湿潤な気候の中で茶樹はよく育っていた。だが、ジャワにいる中国人の中で、茶葉を売り物になる製品にするにはどうしたらいいのかを知っている者は、誰もいなかった。ドゥ・ブス・デ・ヒシフニース長官はオランダ領東インド諸島の茶産業を促進させようというもくろみで、情報と器具と労働者を中国から集めて送るという課題をヤコブソンに与えた。それはヤコブソンにとって大きな好機だった。ヤコブソンは六年間、中国とジャワの間を行き来し、その後十五年間以上はジャワで仕事に邁進し、オランダ領東インド諸島の茶栽培で他の誰よりも大きな実績を上げた。

J・I・L・L・ヤコブソンは、一七九九年三月十三日にロッテルダムで生まれた。彼は、I・L・ヤコブソンの息子である。父は、コーヒーと茶の仲買業者で、その仕事はロッテルダムで確立していた。若いヤコブソンは、当時の茶鑑定技術のすべてを、この父から学んだ。オランダ商会は、ジャワと中国に送るための茶の専門家に彼を任じた。そして一八二七年九月二日、彼はバタヴィアに到着した。政府の茶に関する実験のために中国から情報を集め茶の種子を持ってくるという任務につくようドゥ・ブス・デ・ヒシフニース長官に言われ、彼はさらに広東に向かった。そこで彼は、主な茶商人に取り入った。それから六年間というもの、彼は毎年ジャワに帰り、そのたびに貴重な情報と大量の種子と茶樹をもたらした。

ヤコブソンの活動に関する様々な話から言えることは、この仕事を始めたのはまだ二十代の時だったにもかかわらず、彼には驚くほどの自信があったということである。彼は前向きなタイプで、物事をどのように成し遂げたらよいかがよくわかっていた。ただ、彼の成功は、人々の嫉妬をかきたて、多くの敵を作ることにはなったが。現在に伝わる彼に関する最も信頼すべき記述からわかることは、彼は河南で茶生産者たちに接触していただけでなく、内陸部にまで入り込み、茶園まで訪問していたのだった。

ヤコブソンを批判する者たちの中には、大ぼらふきのミュンヒハウゼン男爵と同類のものだと私たちに思わせようとする人もいるだろうが、彼の仕事の重要な事績は明らかに際立っている。ジャワの茶産業を確立することに対して彼がなした貢献は、若さゆえの意気込みを大目に見る必要があるにしても、多大なものであり有益なものであった。彼はいわば「やりて」だった。Ch・バーナード博士は『オランダ領東インド諸島における茶栽培の歴史』と題する小論の中で、「ヤコブソンは、茶栽培の真の創始者と考えるのが正当である」と述べている。

ヤコブソンは、一八二七〜二八年に初めて中国に渡った時、茶栽培者ではなく基本的に茶の鑑定人・商人だったにもかかわらず、多量の情報を得た。

広東での彼の職務は、オランダ商会に雇われて、帰りの船荷を買う際に、同国人を一人伴って茶鑑定人として船荷監督人を補佐することであった。当時まだ二十八歳だった彼にとって、一年で四千ドルという賃金はかなりのものだった。ロマンチックな理想と野心に燃えていただけでなく、彼は仕入れ人の視点から茶に精通しており、彼以外には誰も茶の栽培と製造についてほとんど知らなかった。

彼はまた、政府から与えられた高い栄誉を推進力にする若さも持ち合わせており、大きな危険を伴うものであったにもかかわらず、その仕事に尻込みしたようには見受けられない。敵意に満ちた国に入り込み、現地の人と産物を持ち出すことは、きわめて危険な企てであったが、ヤコブソンはそのどちらも成し遂げた。

一八二八～二九年の二度目の旅から戻る時に、ヤコブソンは中国茶の木を十一本、福建から持ち帰った。一八二九～三〇年の三度目の旅は、茶栽培にとって何の収穫もなかったが、一八三〇～三一年の四度目の旅では、二百四十三本の茶樹と百五十粒の種子を持ち帰った。一八三一～三二年の五度目の旅からは、三十万粒の種子と十二人の中国人職人を伴って戻った。これはかなり大きな成功だった。その後これらの職人が苦力《クーリー》たちに次々と殺害されたので、ヤコブソンは一八三二～三三年に中国への六度目の旅に出た。この時に持ち帰ったのは、七百万粒もの種子と、十五人の職人（茶の栽培者、製造者、箱詰め人）と、彼が収集した大量の用具・器具類であった。この最後の遠征で、彼は危うく命を落とすところだった。というのは、ついに中国政府が彼の首に賞金をかけたため、中国の役人たちは茶の種子と中国人職人を積んだ彼の船を捕らえようとしたのだ。彼らはヤコブソンの通訳であるアフェオンを捕らえることに成功した。アフェオンは、別の船で航海していて、ヤコブソンと間違えられたのだった。彼は後に、駐広東オランダ領事によって、五百二ピアストルの身代金と引き替えに解放された。その間ヤコブソンは、貴重な積み荷を伴ってまんまと逃げおおせた。

ヤコブソンに与えられた使命は、最初から非常に難しいものだと政府に認識されていた。無数のスパイがいる広東について知っている人は皆、彼の仕事が上手くいくとは思っていなかったようだ。ヴァン・デン・ボッシュ総督の内閣文書から明らかなことは、一八三二〜三三年の任務が非常に重要視されていたということである。ヤコブソンの帰り旅は凱旋だった。彼の船が到着すると、大砲が打ち鳴らされ、荷下ろしできるようプラフ船が群れをなしてきて、彼をバタヴィアに連れて行くために早馬が供された。彼は当時のリンドバーグだった。

このようにして一八三三年、日本茶の種子の最初の積み荷が無事に陸揚げされて七年後に、ヤコブソンはジャワで茶産業のための仕事を本気で始めた。一八三三年までに、多くの開拓事業が他の人々によって進められてきていたが、ヤコブソンは茶の種子、茶樹、職人、器具、茶製造についての技術的助言、といった形で貴重な貢献をもたらした。

この時期の重要人物として、ド・セリエールについては触れておくべきであろう。ブス・デ・ヒシフニースに忠実に仕えていたボスウェルと同様、ジャワで茶栽培を推進した最初の人物としての栄誉を自認し、また自分の後援者にも主張していた。公式に確認されたわけではないが、ド・セリエールの茶に関する開拓的仕事は、一八六七年にパリ万博で金賞を受賞するという形で認められた。

一八三三年以後十五年間に、疲れを知らないヤコブソンは、十四の州で植栽と製造を指導し、ジャワで茶栽培の発展に尽くした。オランダ政府は、茶栽培の監督官に任ずることで彼の忍耐強い仕事に報いた。そして、二百人余りを彼の手助けとして付け、後には彼にオランダ獅子印の十字勲章を授けた。一八四三年に彼はバタヴィアで『茶樹栽培法と製茶法』を出版し、一八四五年には『茶の仕分けと荷詰めについて』を出版した。これらは茶に関する先駆的な専門書であった。

ジャワの西部及び中部全域にわたって彼の指示のもとで導入された茶の栽培は、急速に広まっていった。しかし、彼はこの究極的な勝利を目にすることができない運命にあった。彼は茶産業の発展のためのさらなる計画を案出するために母国に戻ったが、その仕事を成し遂げる間もなく、一八四八年十二月二十七日に亡くなった。この同じ年に、ロバート・フォーチュンが茶樹と中国人職人を英領インドに連れ帰るために中国に旅立ち、またアメリカで茶を育てる最初の試みもなされた。中国は依然として、いたるところ茶の主要な産地と考えられていた。

ジャワでの茶栽培には、いくつかの様相の変化が

1836年頃のジャワの茶農園と加工場（ヤコブソンのスケッチ）
［W.H.Ukers『All About Tea』1935より］

あった。はじめ、政府の独占事業として推進されたが、これは失敗に終わった。続いて、一八六二年に私的所有の時代が始まった。ジャワの茶産業を真に確立したのは、この時期のたくましいオランダ人開拓者たちで、彼らの中からは多くの有名人が出た。

ジョン・ピートは、一八七八年に英領インドからジャワにアッサム茶の種子を初めて持ち込んだイギリス人であり、茶の栽培と製造に革命をもたらした。古い中国茶樹は、もっと丈夫なアッサム種に徐々に取って代わられた。古い圧延方法が現代的な機械へとかわっていった。そして機械式の乾燥機が木炭炉を駆逐した。こうして、茶のジャワ征服の第三期がもたらされた。それは、大繁栄によって際立った時期であり、一方でコーヒー農園が「飽きられた」時期でもあった。茶園の面積は拡張し、質は向上し、ジャワ茶は世界の茶市場で往年のジャワ・コーヒーと同じように知られるようになった。

第三期は、社交と親交の黄金期で、一八七五年から九〇年まで続いた。それは古き良き時代で、極上の歓待が茶男爵たちの邸宅で繰り広げられた。彼らは封建貴族のような生活を送り、農園の何千人という労働者から「大権力者」として尊敬されていた。また、何日もかけて冒険に満ちた旅をしていたが、交通手段には、現代の自動車よりもスピードは遅いがずっと絵になる輿《こし》や「風船」馬車や野牛が用いられた。そして連日、わくわくするような鳴猟、レース、夜会、ディナー・パーティー、華麗な東洋の祝祭などに興じた。オランダのもてなしの精神がその後現在までに変わったということではない。私たちがよりスピードの速い時代に生きているにすぎない。鉄道、飛行機、自動車、ラジオ、電話、高速道路、これらすべてのものが相重なって、「古の時代」の特徴だったある種の平和とのどかさを奪ったのである。そうした平和とのどかさは、現代のヒステリー的状態すなわち「永久運動」がなかった時代を知っている人々の記憶の中にいつまでも残っていくだろう。

しかし奇妙なことに、変わりゆく条件に自らを適応させていくことはたやすい。私自身、一九二四年にも一九〇六年と同様にジャワでのオランダ人のもてなしが心地よいものだった。一九〇六年というのは、私がほんの二、三の農園だけを訪れ、「東洋の茶園」の名所の一つで客としてほとんどの時間を過ごした年である。一九二四年には、十倍の土地を訪れ、ずっと多くのものを見て学んだ。

一八八〇年から九〇年の間に、茶はジャワを完全に征服した。ペンガレンガン高原の上にまで到達したのである。そこは広大な台地で、ダージリンとほぼ同じ標高のもたらす利点をすべて備えているように見えたし、それに加えて赤道地帯の栽培を促す気候も備わっていた。豊かな熱帯土壌をもったこの広々とした高地での茶栽培は、大農園主であり慈善家でもあったK・A・R・ボスヒャ（一八五五〜一九二八）の活動によって大いに活気づいた。彼はしばしば、「プレアンゲアーの農業王」とか「ジャワの茶王」などと言われている。三十年以上にわたって、彼はマラバル農園と関わっていた。マラバルは、ゴアルパラと同様、ジャワ茶とほぼ同義である。

茶のスマトラ征服は、九〇年代初頭に始まった。茶は今や、ジャワで既に成し遂げられたことをもっとずっと立派な規模でスマトラでも繰り返しそうな勢いだった。

英領インド——アッサム種の発見

一九三四年は、英領インドに茶を導入する計画をまとめるための委員会がウィリアム・チャールズ・キャヴェンディッシュ・ベンティンクによって組織されてから、百周年にあたる。この出来事は、広範囲にわたるインド茶の王国の確立を際立たせるものであった。その王国は、茶が栽培または飲用されている地球上のすべての国々に広がっている。セイロンとジャワでは、インド種が中国種に取って代わっていた。ヨーロッパでは、二百年間中国茶が独占していた市場をインド茶が手に入れた。北米では、初め中国が、続いて日本が、イギリス産の紅茶に道を譲ることを余儀なくされた。ブラジルでは、コーヒーがいまだ君臨している。パラグアイでは、マテ茶が支配している。アフリカ、オーストラリア、ニュージーランドでは、インド茶の愛好者が大多数である。中国と日本では、独自の茶を産出しているが、多くの外国人と少なからぬ自国人が、インド茶に朝昼晩と敬意を表している。まさしく、インド茶の領土は陽が沈むところを知らない。

茶栽培のインドへの導入は、実に感動的な話だ。そもそも茶はインドに自生していたものだが、原住民しかそれを知らなかった。愛国的イギリス人たちが、中国の茶樹を輸入してインドで茶産業を興そうと提案した。名誉を危うくするような弁解的な政治家と、イギリス東インド会社の東洋貿易独占を保持することに多かれ少なかれ直接的な関心をもっていた人々はみな、即座に反対した。

十年間、本来その土地にあったインド茶は承認されることを求め続けたが、冷ややかな目を向けられていた。承認が得られた場合でも、常にしぶしぶだった。数世紀来の魅惑が中国茶についてまわっていて、当惑した商人たちは東インド独占の重荷からようやく解放された時、中国茶の他に何も考えることができなくなっていた。彼らは相変わらず中国まで何千キロも人を送って茶の種子と茶樹と職人を求めた。それは、当地での需要にはるかに合っている自生種を既に持っている国で中国茶を育てようとする、まじめくさった骨の折れる試みだった。

このことに気付いていたのは、一握りの富裕な軍人と政治家と科学者だけだった。これら勇気ある人々によってついに、インド自生

英領インドのヒマラヤ山中にあるダージリンの茶樹園

の茶は勝利を得た。そして、政府の「父親的温情主義」が崩壊したところに私企業が入ってきた。

三世代のうちに、イギリスの企業がインドのジャングルを切り開いて茶産業を興していった。その規模は、百万エーカーを超え、資本投資は七千五百ポンドにもなり、九十万人の労働者の雇用をもたらし、世界の茶輸出総量の三八・四パーセントを輸出するほどになった。こうしてインドは、世界最大の茶輸出国となり、それと同時に大英帝国の中で私的財産と政府の税を最も多くもたらす源となった。ブラジルがコーヒーで成したことを、インドは茶で成し遂げたのである。

一八二三年、すなわち歴史的な茶業委員会の任命より十一年前に、ロバート・ブルース少佐はビルマ領アッサムに商用遠征に出かけ、ラングプルの近くで野生の茶樹が生育しているのを発見したと報告した。このことは翌年、ブルース少佐の弟であるC・A・ブルースによって確認された。もっと早く、およそ一七八〇年頃に、ウォレン・ヘイスティングズ知事とロバート・キッド大佐は、原生茶への関心を喚起した。しかし、インドで茶栽培に真剣に注意が向けられるようになったのは、一七八八年、著名な博物学者ジョゼフ・バンクス卿が茶に関する有名な回顧録を書いてからであった。

カルカッタ植物園では、アッサム茶樹の存在を認めることに長年抵抗を続けたようである。ブルースに続いて他の人々も標本を送ったが、それらは認められなかった。その間ロンドンでは、いまだに中国茶の貿易の利益をほとんど独占していた東インド会社に対する敵意があったにもかかわらず、インドで茶産業を始めることに好意的な意見が強くなってきた。

一八二五年にイギリス芸術協会は、イギリス領で育てられた最良の紅茶に金メダルを与えた。一八二七年には、科学者であり作家でもあったJ・F・ロイル博士が、ヒマラヤ地域の北西部に茶栽培を導入するよう進言した。一八三一年には、アッサムの地方長官アンドリュー・チャールトンが、アッサムのビーサ付近で野生の茶樹が生育していることを報告した。一八三二年には、インド南部のニルギリ丘陵で、マドラス会社の医者であったクリスティー博士によって実験茶園が開かれた。同じ年、アッサム茶栽培の真の創始者であるC・A・ブルースが、フランシス・アッサムの監督官であったジェンキンス司令官を通じて、自生種の認知を再び強く求めた。

一八三三年にはイギリス議会による東インド会社の中国茶貿易独占が廃止され、翌三四年になってようやく、チャールトン長官の標本が正真正銘の自生種だとカルカッタ当局に認められた。

知事ベンティンク卿の委員会もまた、自生の産物の性質と価値を納得させるのに熱心だった。まずジョージ・ジェームズ・ゴードンが中国から持ち帰った茶の種子で実験を行ったが、一八三五年にアッサムの茶栽培の責任者としてC・A・ブルースが任命された後には、アッサム種の栽培が大いに促進された。ブルースは中国人の茶製造業者に原生種の茶葉を使わせ、一八三六年には最初の製造見本をカルカッタに送った。その三年後に、アッサム茶の最初の輸入品がロンドンのインド・ハウスで売られた。そこには東インド会社が売り主として関わっていた。同じ年に、インドの先駆的茶栽培会社であるアッサム会社が設立された。その会社は、ロンドンとカルカッタの二カ所に理事会があった。

一八三五〜三六年にC・A・ブルースの指導のもとでアッサムを調査した科学委員会の中では、植物学者のウィリアム・グリフィス博士の名前が際立っている。彼は後に、『旅行日誌』を出版しており、その中で自身の様々な体験を語っている。H・H・マン博士が中国から茶の種子を輸入することを「インド茶産業の呪い」と述べた後もしばらく、グリフィス博士は中国から種子を輸入することに賛同していた。科学委員会の援助のもと、最初の実験的茶園がサディヤの近くで開設され（のちに流されてしまうが）、一八三七年には二番目の茶園がチュブワで開かれた。その時最初に植えられていた中国種はまだいくらか残っているが、今や放置されている。

中国の種子の狂信的支持者たちは中国茶をさらに輸入することを要請し、東インド会社の代理人ロバート・フォーチュンが一八四八〜五一年に種子と茶樹と現地の職人を何度か大量に運んだ。彼は、中国北部の茶地域に入り込むため、自ら中国人と装っていた。彼が持ち帰った茶樹は、ヒマラヤ山脈に植え付けられよく育ったが、自生種に並ぶほど商業的に重要なものには決してならなかった。

中国の種子を移植しようとする試みがなされるたびに悲惨な結果が起こったというのは、奇妙な事実である。ジャワでもそうだったし、それに続いてインドとセイロンでも同様だった。それはあたかも、オランダの作家クペールスが東洋についての話の中で語っている神秘の力が働いて、中国で最も尊ばれている植物の種子を持ち出そうとする者をすべて破滅させせようとしているかのようだった。

中国人は茶の種子を外国人に売る前に、発芽を妨げるよう種子をしばしば煮ていたのだ、などという非難もなされてきた。また、中国以外の土地で中国の茶樹を広めることを失敗させるために、あらゆる種類の奇妙な策略が講じられたことは知られている。よい状態で運ばれた種子と茶樹でも、到着してみると、不適切に梱包されていたり、かびていたり、病気がついていたり、枯れていたり、乾き切ってしまっていたりしたことも度々であった。よい種子や健康な茶樹が無事に輸入された場合でも、それから製造された茶は中国で製造されるものと決して同一ではなかった。実際、自分のためだけに作られた神からの賜物として中国の皇帝が受け入れていた特有の中国茶を年々生み出すことができたのは、中国の土壌と気候だけのように思われる。白人たちは何世紀もの間、自分たちも中国茶を好むのだから中国人からそれをもらい受けたいと願っていたが、白人が中国の外でそれを生産しようとした途端すぐに、「それは蛇のように咬みついた」か、または「毒蛇のように牙をむいた」のである。

ブルースが商業的可能性を示してから、茶栽培は急速に広まった。そして、アッサム種があらゆる地域で好まれるようになり、強力な同盟を組んでいる茶産業の中核を担いつつあったセイロンとジャワでは、特にその導入が顕著だった。

一八四二年、英国芸術協会はアッサムでの茶の発見を称えてC・A・ブルースに金メダルを授与した。そしてベンガル園芸協会は、ジェンキンス少佐とチャールトン長官に、アッサム茶の認知を確保する中で果たした役割に対して金メダルを与えた。このようにして、アッサムでの茶の発見について以前おこっていた論争は決着がついた。

アッサム会社は東インド会社の直系の子孫と言えるが、その初期の栄枯盛衰は、興味深いものがある。一八四〇年にアッサム会社は、北東インドにおける政府の茶園の三分の二を引き継いだ。一八五二年には、二・五パーセントという最初の配当が得られた。一八五一年には、アッサムで最初の個人所有の茶園がF・S・ハネイ大佐の手で開かれた。

一八六三年から六六年の間の時期は、茶園の急激な発展と茶の株式での無謀な投機が著しかった。南海泡沫事件やその他の暴落と同類にとらえられて、多くの困った悪評が茶に向けられたのは、ちょうどこの時期のことだ。政府はついに介入し、茶産業の実情を調べる委員会を任命した。この委員会は、茶産業が基本的に健全であって、無思慮な暴騰と投機屋連中を排除した後にさらに前進することが必要なだけだという、思慮ある研究者と懸命な投資家たちすべてがもっていた意見を確認した。

一八七二年にウィリアム・ジャクソンは、ジョルハットにあるスコットランド・アッサム茶会社のヒーリーカ茶園で、最初の機械式揉捻機を設置した。ジャクソンは、多くの揉捻機、乾燥機、その他の画期的な機械を発明した。一八七四年には、エドワード・マネー中佐もまた茶乾燥機を発明した。一八七七年にはサミュエル・C・デイヴィドソン（後のサミュエル・デイヴィドソン卿）が、最初の「シロッコ」茶乾燥機を発明した。この後さらに、茶製造に関わる革命的な機械の発明が続いた。

インド茶の歴史をこのように手短に概観した中で最も興味深いことの一つは、コーヒーを飲む国から紅茶を飲む国へとイギリスを変貌させた際にインドの果たした役割である。この移行は、インドで自生種の茶が発見された時に既に進行していた。しかし、その変化に最後の一刺激を与えたのは、インド茶の発見によってイギリス人が茶を飲むことを愛国的義務にすることが可能になったということだった。それはまた、イギリス市場における中国茶の衰退の始まりを示すものでもあった。

一八六六年にイギリスでは一億二百二十六万五千ポンドの茶が消費されたが、インド茶はそのうちのたった四パーセントであった。この年のイギリスでの一人あたりの年間茶消費量は、三・四二ポンドだった。一九〇三年までにこの消費量は一人あたり六・〇三ポンドまで増加し、そのうち十パーセントが中国産で、五十九パーセントがインド、三十一パーセントがセイロンのものだった。一九〇八年までに、中国からの輸入は一億四百五十万ポンドから九百七十五万ポンドまで落ち込み、逆にインドからの輸入は六百二十五万ポンドから一億六千二百五十万ポンドまで増加していた。

一九三二年には、英国の一人あたり消費量は一〇・五六ポンドまで上昇していた。中国茶の輸入は約八百二十万ポンドになり、二パーセント以下に落ちた。それに対して、インド茶の輸入は約二億五千三百万ポンドになり、五十七パーセントを占めるまでになった。こうした数字の変化はまた、紅茶が緑茶に取って代わったことも示している。これとほとんど同じ事態がアメリカでも繰り返された。アメリカでは百年前には、消費される茶の九十九パーセントが中国産の茶（紅茶も緑茶も含めて）だった。一九三〇年代前半では紅茶が主流で、六十五パーセントを占めており、中国と日本からの緑茶は約二十一パーセントにまで落ち込んだ。

セイロン——コーヒーからの転換

セイロンのプランテーションで茶がコーヒーを打ち負かしたことは、茶産業の歴史上、最も劇的な話の一つである。コーヒーの栽培がセイロン島で成功を収めてから約五十年後に、恐れられていた「さび病」が現れ、ピーク時には一年間に現金価値にして一千六百五十万ポンド（八千万ドル）、輸入量にして一億一千万ポンドを誇っていたコーヒー産業がほんの数年のうちに壊滅した。

当時、茶栽培はまだ実験的に試みられているだけだったため、さび病の被害は実質的には無視できるほどしかなかった。コーヒー園は二十七万五千エーカーだったのに対して、茶園はわずか二百から三百エーカーしかなかったのである。一九三〇年代前半には、茶園は五十五万七千エーカーにまで達しており、コーヒー園はほとんど皆無といってよいほどまで姿を消している。茶の生産量は一九三二年に二億五千二百八十二万四千ポンドという記録に到達している。現在茶を植えている土地の面積は、コーヒーがかつて植えられていた土地の面積を二十八万二千エーカーほど上回っている。

オランダ人から受け継いだ「実り豊かで開けた、すばらしい島」という大きな財産を力の限り開発しようと、ついにイギリス人が定住した時に、彼らがまず初めにしたことの一つは、キャンディー王国の手つかずの森林を自ら切り開いて、驚くほどの規模でコーヒー事業を始めたことであった。一七九六年当時、すでにコーヒーはセイロンで知られるようになってから百年近くが経っていた。

一八六四年、コーヒーが全盛期にあった時に、グレーム・ヘップバーン・ダルリンプル＝ホーン・エルフィンストーン氏（のちにサーの称号を得る）がセイロンに来て、コトマリーで農園主としての仕事を始めた。一八七五年までに彼は、セイロン最大のコーヒー農園主となっていた。そこへ、コーヒーの葉の病気が到来した。これによって彼の財産はすべて壊滅的被害を被ったが、同時にコーヒーの崩壊から茶の勝利への転換を始動させるきっかけとなった。ウィリアム・カメロンと名乗るアッサムで農園主をしていた人物（本当の名前はキャンベルであったが）の影響を受けて、エルフィンストーンは茶に興味を持ち始めた。もしその時経済的困難にうちひしがれず、一九〇〇年に早すぎる死を迎えなかったならば、彼は茶のさらなる開発で大きな役割を果たしていたことだろう。一八八二年にカメロンは、その地域での茶の剪定と摘みとりの方法を大いに向上させ、収穫を飛躍的に上昇させた。

一八四五年、理性を欠いた危険な「コーヒー・ラッシュ」のために、コーヒーは最初の暴落を経験する。そしてヨーロッパ人所有のコーヒー園の多くは見捨てられたが、村のコーヒー産業は依然として栄えていた。しかしこれもまた、コーヒーの葉の病が七〇年代に到来した時に、損害を被った。コーヒー産業からもたらされたセイロンの繁栄は、一八七七年に頂点に達した。その十年後、政府は赤字に直面していた。コーヒーが最悪の状態で失敗したのに伴って、セイロン島は打ち棄てられたような状態だった。沈没船から群れをなして逃げ出すネズミのように、ジャフナのタミル人と恐れをなした市民が大挙して、没落した農園主の群れに加わった。彼らは絶望のうちにセイロン島を離れ、多くの者はマレー諸州に向かった。コーヒー暴落は、マレー開国とたまたま同時期だったのである。

コーヒーの病気がセイロンを襲った時、茶は実験的に試みられていたところだった。しかし、この種の新しい産業の経済的展望は、実際きびしいものであった。セイロンが依存していた高度に組織化された農産業が破滅し、コーヒーの木がだめになっていた状況で、茶栽培をおしすすめて金を得るということは、ほとんど望みがないように思われた。

コーヒーの葉の裏側に赤みのあるオレンジ色の奇妙な斑点が現れたのは、ほんの数年前のことにすぎない。当時パラデニヤの王立植物園園長だった孤高の科学者ジョージ・ヘンリー・ケンドリック・スウェーツ博士がものものしい警告を発したが、それは混乱状態の中のほんの一声の叫びのようなもので、誰も彼の言うことに耳を傾けなかった。彼の警告に注意が向けられた時は、既に遅すぎた。夜の盗人のように、その伝染病は過信し切っていた農園主たちに不意打ちを食らわせた。

自分たちの富が破滅していく中で、団結して敗北を頑固として受け入れないでいた感傷的な人々は、ほんの少数しか残っていなかった。そうした人たちは、セイロンの歴史上、最も暗い時期の困難に直面していたのであるが、彼らがいたからこそ、コーヒー園の灰の中からすばらしい産業が立ち上がったのである。その新しい産業とは、窮乏の中で起こり節約のための工夫からはぐくまれ、しかしながら今日では世界の市場に広がっている最高品質のものを生み出している産業である。

コーヒーの壊滅がどれほど完璧なものだったのかは、枯れたコーヒーの木がすべて持ち去られてイギリスに輸出され、茶用のテーブルの脚として使われたという事実から推し量れるだろう。

当時、コーヒー農園主の中にはあまりに貧しくて、種子を買うこともできない者もいた。かなりの人々が、月に三十から四十ルピーというわずかの金銭でやっていかなければならなかった。したがって、コーヒー暴落からの回復は、植民地の歴史の中で注目すべき輝かしい成功事例であった。コーヒーによって没落した一家がセイロンに戻ってきて、裸一貫で、断固たる決意のもと事を始めた。この家族はそれ以来、イギリスの植民者の模範となっている。

最初はシンコナが試された。これは、ドラッグには常にありがちな通り、値段が信じられないくらい下がるまではよい結果を収めた。シンコナの種子は確保され、コーヒーの間に植えられた。これが最悪の日々からからうじてのがれる助けとなった。キニーネは当時一オンス約十一・五ルピーで売れたが、生産過剰のためすぐに一オンス四分の三ルピーにまで値が下がり、キニーネを抽出する樹皮は最終的に木からとる価値がなくなった。

その後、茶の種子を購入し、コーヒーの木の列の中に植えた。この危機的な時期に新しいことに挑戦する気風を持つセイロンの農園主たちが見せた臨機応変の才と勇気と自己犠牲と真の勤勉さは、限りない賞賛に値する。

茶の実験は、コーヒーが完全に死に絶える前にすでにかなり軌道に乗っていた。多くの農園では、シンコナがコーヒーから茶への切り替えの橋渡しの助けとなっていた。

一八三九年末に、カルカッタ植物園のナサニエル・ウォリック博士が育てていた、新たに発見されたアッサムの自生茶の木からとった最初の茶の種子が、パラデニヤの植物園にもたらされた。続いて一八四〇年初頭には、二百五本の茶樹が植えられた。一八四〇～四二年には、これらのうちのいくらかがクィーンズ・コテージの近隣のヌワラエリヤに植えられ、また現在はネーズビー茶園となっているエセックス・コテージの近くにもいくらか植えられた。

その間、一八四一年に中国への航海から戻ったモーリス・B・ワームズ氏は、中国の茶樹から伐採した枝を持ち帰った。これらの枝はプセラワ地区のロスチャイルド・コーヒー園に植えられた。後にワームズ氏と彼の弟ガブリエル・B（彼らはロンドンのロスチャイルド家のいとこにあたる）は、ソガマやその他の彼らの農園に茶を植えた。その中のコンデガラは、現在ランボダ地区のラボーケル・グループの一部となっている。茶は、一ポンド生産するのに一ギニーのコストがかかったと考えられているが、ロスチャイルドの農園では中国人の手を借りていくらかの茶が製造されるようになった。

ワームズ兄弟は、輝かしい家庭の一員だった。最年長のソロモンは、最初のド・ワームズ男爵で、フランクフルト・アム・マインのベネディクト・ワームズの息子であった。彼の妻は、ロスチャイルド男爵の長姉であった。ワームズ兄弟は生まれついての商売人であり冒険家だった。モーリスは一八二七年に英国に行き、ガブリエルは三二年にそれに続いた。そして二人は、ロンドン証券取引所の会員になった。モーリスは一八四一年に東洋へ旅立ち、ガブリエルは四二年にコロンボでモーリスと合流した。そこで彼らは、G＆M・B・ワームズという名で海運業と銀行業を始めた。ガブリエルはコロンボに残り、モーリスは奥地で農園事業を追い求めた。プセラワにある二千エーカーのロスチャイルド農園は、その完璧さと効率性で有名であり、ウィリアム・サボナディアのコーヒー農園主向けテキストでは模範として取り上げられている。彼らの商標は、ロンドンのコーヒー・紅茶取引の中心であるミンシング通りで二十五年以上にわたって品質の基準となった。彼らの所有する農園は、七千三百十八エーカーにまで及んだ。彼らがその農園を売った時には、十五万七千ドルになった。これはヨーロッパ人が所有する農園の譲渡では記録的値段である。彼らはその後、イギリスに引退した。兄弟の一人が述べたところによると、彼らは「有益で満足のいく生活を送った」。モーリスは一八六五年に、ガブリエルは一八八一年に亡くなった。

ワームズ兄弟が中国から伐採した木を輸入したのとほぼ同じ頃、カルカッタのルウェリン氏という人物が、ドロスベイジのペニラン農園にアッサム原生の茶の木を植えた。

しかしながら、時期を同じくして、目立たない形ではあるがもっと成功していたのは、ヘワヘタのルーレコンデラ茶園の地主たちであった。当時地主だったのは、G・D・B・ハリソンとW・M・リークであった。そして現在では、アングロ・セイロン・アンド・ジェネラル・エステイツ社となっている。彼らが八〇年代初頭にジェームズ・テイラーの注意深い管理のもとに生産した茶は、セイロン茶の中でも高い評判を得た。ルーレコンデラもまた、もともとコーヒー園だった。それは一八四一年にジェームズ・ジョセフ・マッケンジーが統治者から買い受けたものだった。一八六五年には既に、セイロンの茶栽培の父としばしば呼ばれているテイラー氏が、ハリソン氏の命を受けて、ペラデニヤから茶の種子を集め始めていた。一八六六年に彼はそれを道沿いに列をなすように植えた。

その年、ウィリアム・マーティン・リーク氏は、農園主協会の事務局長を務めていたのだが、その組織を動かして、ハーキュリーズ・ロビンソン卿の政府に働きかけ、経験のあるセイロンのコーヒー農園主アーサー・モリス氏を派遣させてアッサムの茶が生育している地域について調査し報告させるようにした。その結果は、価値ある報告だった。その報告に動かされて、リーク氏は一八六六年に彼の会社であるキーア・ダンダス・アンド・カンパニー社のためにアッサム雑種の茶の種子を委託するよう命じた。それはおそらく、この種子がセイロンに初めて輸入されたものであった。そしてこの種子は、ルーレコンデラのテイラー氏の手に渡り彼が世話するようになった。

テイラー氏の最初の開拓地は二十エーカーで、一八六七年の終わり頃に開かれた。これはセイロンで継続的に茶を植えた最も古い茶園だと一般に考えられている。これよりも早く茶を植えたところの多くは、テイラー氏がルーレコンデラで茶栽培を始める前に、永遠にまたは一時的に、栽培をやめることを許されたのであった。セイロン社は、今ではイースタン・プロデュース・アンド・エステーツ社となっているが、アッサム茶の種子を輸入し、一八六九年にこの雑種を栽培し始めた。

一八七五年から一九三〇年の間には、茶への殺到が起こった。茶園の面積は一千八十エーカーから四十六万七千エーカーにまで増大した。セイロン茶は一八七三年に初めてロンドンの市場に姿を現した。一八九一年には、セイロン茶一包みがミンシング通りのロンドン・ティー・オークションで、一ポンドあたり二五・一〇ポンドで売られた。

茶樹の大規模な移植は、中国から日本、ジャワ、インド、セイロン、スマトラへと行われただけでなく、さらに台湾、フランス領インドシナ、ロシアのザカフカス、ナタール、ニアサランド、ケニア、ウガンダにも、商売に見合うだけの規模で導入され栽培された。それよりも小さな規模では、タイとビルマでも栽培されたし、イギリス領マレー、イラン、ポルトガル領東アフリカ、ローデシア、アゾレス諸島でも茶が育てられた。実験的な栽培は、東半球でも試みられてきた。つまり、スウェーデン、イギリス、フランス、イタリア、ブルガリア、そしてさらに最近では、カメルーン、エチオピア、そしてタンガニーカで、実験栽培が行われているのである。

西半球の大陸、つまりアメリカ、イギリス領コロンビア、メキシコ、グアテマラ、コロンビア、ブラジル、ペルー、チリ、パラグアイ、アルゼンチンでも実験が行われてきた。茶を育てる試みがなされてきた島々には、東半球ではボルネオ、フィリピン、フィジー、モーリシャス、西半球ではジャマイカ、カイエンヌ、プエルト・リコがある。これらの中ではブラジルでだけ、茶栽培に商業的な見通しが見えてきている。

中国からの移民が台湾に茶栽培を導入したのは、十九世紀の初頭であった。ヨーロッパで唯一商売になるほどの量になったロシアのザカフカスでの栽培は、一八四七年に始まっている。ナタールに導入されたのは一八五〇年で、ニアサランドは一八七八年、アメリカは一八九〇年、ウガンダとケニアは一九一〇年であった。

アメリカでの茶栽培の試みは、チャールズ・U・シェパード博士の指示のもとに、一八九〇年から一九一五年の間、サウス・カロライナのサマーヴィルで行われた。しかし、成功には至らずあきらめられた。気候は適していたのだが、労賃が高すぎたし、一九〇三年に一ポンド十セントのスペイン・アメリカ戦争税が廃止された後には関税保護もなくなったためであった。

第3章

ヨーロッパとアメリカへの茶の到来

ヨーロッパへの知識伝来

茶の飲用は、東洋が西洋に最も気前よく分け与えてくれた、節度あるすばらしい習慣の一つである。しかし、ヨーロッパ人が茶について知ったのは、東洋で茶が広く用いられるようになってから何世紀も経ってからのことだ。世界の三大非アルコール飲料であるココアと茶とコーヒーの中で、最初にヨーロッパにもたらされたのはココアである。ココアは一五二八年にスペインが持ち込んだ。その約一世紀後の一六一〇年に、オランダが茶をヨーロッパに持ってきた。コーヒーがヴェネツィア商人によってヨーロッパに持ち込まれたのはそのほんの数年後の一六一五年のことだ。

ヨーロッパの文献の中で最初に茶について言及したものは、一五五九年頃に現れた。それは、ギアムバチスタ・ラムジオ（一四八五～一五五七）の『航海と旅行記』で、「中国茶」と書かれていた。ラムジオは、古代と現代の航海と発見の話を集めた貴重な著書を刊行した、有名なヴェネツィアの作家である。彼は、ヴェネチアの十人委員会の書記官として、貿易に関わる珍しい情報を集め、多くの著名な旅行家と会った。その中には、ハジ・マホメッド（またの名をチャギ・メメット）が含まれていた。彼は、茶についての知識を最初にヨーロッパに持ち込んだと信じられている、ペルシアの商人である。茶への言及が含まれている段落は、以下の通りである。

「語り手の名前はハジ・マホメッドだった。（中略）彼が私に語ったところによると、中国全土で人々は別の植物、いやむしろその葉を利用していた。これを彼の地の人々は中国茶と呼んでいる。彼らはそれを四川地方で育てている。この茶は、国中で用いられており大いに敬われている。彼らはその香り高い葉を摘み、生のまま、あるいは乾燥させ、湯の中に入れてよく沸かす。この煎じ汁をコップに十二杯空っぽの胃袋に入れれば、熱、頭痛、胃痛、脇腹や関節の痛みを取り除く。それは耐えられる限り熱いまま飲むべきである。これに加えて彼が言うには、覚えきれないほどの数の病気にも効くということであり、痛風もその一つだった。」

マルコ・ポーロの航海についての記録は、同じくラムジオが編集したものであるが、マルコ・ポーロが中国を訪れた時には中国人の間で茶が好んで飲まれていたにもかかわらず、茶についての言及はなされていない。その理由は単純である。ポーロは、タタール人の侵略者フビライ・ハンのもとで大半の時間を過ごし、支配下の人々の習慣にはほとんど興味を示さなかったのである。

ポルトガル人は、一五一六年に、中国に海路から到来した最初のヨーロッパ人となった。何隻かの船隊が翌年それに続き、北平（現在の北京）に大使が送られた。一五四〇年までには、彼らは日本に到達していた。

中国人はポルトガル人を疑いの目で見ており、歓迎の手を差しのべなかったのだが、ポルトガル大使はついに中国皇帝に、彼ら新参者が侵略に来たのではなく交易のために来たのだということを納得させた。そして中国人は彼らをマカオに定住させることを許可した。マカオは、珠江の河口の西側に突き出た細長い半島である。

中国と日本を相手にしたヨーロッパの貿易の最初の数年間には、茶が運ばれた記録は全くない。しかし、イエズス会の宣教師は、早くからこの二国に入り込んでおり、喫茶になじむようになってきて、それについての報告をヨーロッパに送った。

こうした宣教師の中で、ガスペル・ダ・クルス神父は、ポルトガルで最初に茶についての短評を公刊した。それにはこう書いてある。「どんな地位のどんな人の家に誰が来ても、茶と呼ばれる飲み物を出す習慣がある。それはいくぶん苦く、色は赤く、薬用になる。彼らはそれを薬草の葉を煎じて作っている。」

茶についてのさらなる知らせは、日本に来ていた宣教師ルイス・アルメイダ神父からの手紙で、一五六五年にイタリアに届いた。アルメイダ神父はこう書いている。「日本人は、口あたりのよい『茶』と呼ぶ薬草を非常に好んでいる。」

二年後の一五六七年、茶の最初の記述がロシアに届く。この知らせは、イヴァン・ペトロフとボールナシュ・ヤリシェフが中国への旅から戻った時に伝えられた。彼らは茶樹を「中国の不思議」と簡単に記述している。彼らは、茶の見本も茶樹の標本も持ち帰っていない。

ヴェニスで一五五九年に茶の記述が公刊されはしたが、イタリア人の作品の中でそれが再び注目されるのは一五八八年のことだった。それは、著名なイタリアの作家であるジョヴァンニ・マッフェイがフィレンツェでアルメイダ神父の一五六五年の手紙を『インドからの手紙集　全四巻』と題する膨大な書類集に掲載した時であった。

同じ年にローマで出版され、しばしば引用されるマッフェイの『インドの歴史』の中では、二カ所で茶に言及していた。

年代順で次に来るのは、ジョヴァンニ・ボテロである。彼はヴェネツィアの伝道者であり作家であった。一五八九年に彼は、『諸都市の偉大さの原因について』と題する著作でこう述べていた。「中国人は、香草を圧搾して上質の液をしぼり、それをワインの代わりに飲む。それは健康を保つのによく、そのおかげで彼らは、不摂生にワインを飲むことによって引き起こされるあらゆる害悪から無縁である。」この時点で茶は、薬用かつ社交上の飲み物として、中国で約八百年の歴史を誇っていた。そのため、ボテロが茶に言及したのは、必然的なことと言えるだろう。

ボテロの十三年後、一六〇二年に中国での茶の礼儀作法について、ポルトガルの宣教師ディエゴ・デ・パントイア神父は次のように書いている。「彼らは挨拶を終えた後直ちに、茶と呼んでいる飲み物を持ってこさせる。それは、彼らが大変尊重しているある種の香草を沸かしたもので、それを二、三度飲まなければならない。」

次に現れた茶についての言及は、こうした初期の記述すべての中で最も重要かもしれない。というのも、茶の値段といった細かいことについて書いてあるだけでなく、中国の茶のいれ方と日本の茶のいれ方について簡単に比較対照もしていたからである。それは、イタリア人宣教師マテオ・リッチ神父（一五五二～一六一〇年）の手紙の中に記されていた。彼は、一六〇一年から亡くなるまで北平の中国宮廷で科学顧問をしていた。その手紙は、フランスのイエズス会修道士のニコラ・トリゴー神父（不明～一六二八年）によって公刊された。それにはこう書いてある。

「いくつかの珍しいものを見過ごすことはできない。たとえば、茶をいれるのに使う木がそれだ。……日本では、最もすばらしいものは一ポンドあたり、十金エスクードかそれ以上、しばしば十二金エスクードで売られている。日本での茶の用い方は、中国でのそれと幾分異なる。日本人は、茶の葉を混ぜ、粉に挽き、茶碗一杯の沸騰したお湯に茶匙に二、三杯の量を入れ、このようにして混ぜた飲み物を飲み干す。それに対して中国人は、湯の入ったポットに数枚の葉を入れ、同様の濃さと効能が出たら、熱いまま飲み、葉は残しておく。」

リッチ神父の記述がイタリアで出たのと同じ一六一〇年、ポルトガルの旅行家兼学者が『ペルシアとホルムズの王たちの話』を出版した。この中には茶の記述が含まれていた。それにはこう書いてある。「茶は葉の小さな香草で、タタールから持ち込まれたある種の植物からとる。このことを私は、マラッカにいた時に知った。」

これに続いて、ポルトガル人とフランス人の宣教師たちがいくつか茶についての言及を行っているが、これらの重要性はそれほど高くはない。

ポルトガル人は、東洋との海路による交易を一五九六年まで行っており、リスボンへの帰りの航海では絹やその他の高価な産物を運んでいた。リスボンからは、オランダ船がフランス、オランダ、バルト諸国の港への主要な運び手となった。

ポルトガル人とともにインドへ向かう航海士だったオランダ人ヤン・ホイヘン・ファン・リンスホーテン（一五六三～一六一一）は、一五九五～九六年に、彼の旅行に関する話を公刊した。この書物によって、オランダの商人と船長たちは、豊かな東洋貿易の分け前を得たいと躍起になったのだった。彼の話について注目すべきことは、オランダ語で書かれた最初の茶についての記述が含まれていたということと、昔の日本の風俗習慣について光を当てているということである。英語の翻訳はロンドンで一五九八年に出版されているが、その中でリンスホーテンはこのように書いている。

「彼らの飲食の習慣はこうである。一人に一つずつ食卓があり、テーブルクロスもナプキンも使わない。中国人と同じく二本の木の箸を使って食べる。米で作った酒を飲んで酔う。肉の後にはある飲み物を飲む。それは、湯でいれた飲み物で、冬でも夏でも、できるだけ熱い状態で飲む。……前述の温かい飲み物は、茶と呼ばれる一種の香草の粉で作る。それは、大いに尊重されているもので、日本人の間でとても重んじられている。財力があり地位のある者はみな、この茶を秘密の場所に貯めている。紳士たちが茶を自らいれる。彼らが友人をもてなす時には、その温かい飲み物をふるまう。彼らは、茶をいれるためのポット、茶の葉を保存しておくポット、茶を飲むための陶製の器に対して、私たちがダイアモンドやルビーなどの宝石に対するのと同じくらいの敬意を払っている。」

茶の導入と普及

冒険好きなオランダ人は、一五九五年から一六〇七年の間、いくつかの船団を東インド諸島に送った。その一つは日本に到達した。その帰路に彼らはマカオに停泊し、そこからジャワへ最初の茶を運んだ。しかしながら、破滅的な競争の末に、対抗していた船団は、オランダ東インド会社として一つになった。一六〇九年にこの新しい会社の船は、日本沿岸の平戸島に着き、一六一〇年にオランダは、ジャワのバンタム経由で日本と中国からヨーロッパに茶を運搬し始めた。これは、歴史的に非常に重要な出来事であった。

オランダ東インド会社の商船
［ヴェンツェル・ホラール『船舶大全』1647年より］

イギリス東インド会社はそのすぐ後、平戸に事務所を開いた。責任者は、R・L・ウィッカム氏だった。彼は、イギリス人で最初に茶について言及したことで際立っている。イギリス東インド会社のマカオ事務所の人物に宛てた手紙で、中国の茶を日本や他の場所の茶よりも好んでいたにちがいないウィッカム氏は、ニューキャッスルへ石炭を運ぶことを提案していることをうっかり忘れて、こう書いていた。「最良のチョー（chaw）を一瓶、私のために買って下さいますように。」このchawというのはおそらく、中国語の茶という単語に対する最も初期のピジン英語である。この手紙は一六一五年六月二十七日のものだが、現物がロンドンのインディア・オフィスに残っている。

十七世紀の終わりには、東インド諸島における潤沢なスパイス貿易をほとんど完全に掌握した。一六一九年に彼らは、ジャワにバタヴィア市を設立した。彼らの重要な東洋の目的地であるスパイス諸島、もしくはモルッカ諸島に到達するための新しい基地とするためであった。その間、イギリス東インド会社は、徐々に東洋に行動範囲を広げていた。イギリス人は初期の航海ではるか日本まで至っており、中国の宮廷で友好的関係を築いていた。一六一〇〜一一年までには、イン

17世紀のバタヴィア
ベークマン画、1656年、アムステルダム国立美術館蔵

ドのマスリパタムとペッタポリで工場を設立していたし、スパイス諸島のアンボイナ島（そこにはすでにオランダ人が定着していたが）に定住していた。

東インド諸島におけるイギリス人の領土権について、オランダの商人が異議を唱えた。オランダ商人は、自分たちに優先権があると考えていたのだ。論争は発展し、一六二三年に「アンボイナの虐殺」で頂点に達した。そしてイギリス会社は、オランダによる極東貿易の独占の主張を認め、インド本土と隣接する国々に退くという結果になった。このために、一六五七年にイギリスで最初に用いられた茶（そしてそれ以後も）は、一六五一年の航海法に従ってイギリス船籍の船で運ばれたにもかかわらず、もとの出所はオランダだったのである。

一六六四年と一六六六年にイギリス国王に二度茶の贈り物があったのを除けば、イギリス東インド会社による茶の最初の輸入は一六六九年のことであった。その時東インド会社はジャワのバンタムから百四十三ポンド半の茶を持ち帰った。

こうしてイギリスへの茶の輸入が始まった。やがて、茶運搬船が方々に散らばり財産を築いていくことになる。後にチャールズ二世は、イギリス東インド会社に再認可を与え、通常は政府にのみ与えられるような力を認めた。それ以降東インド会社は、東洋貿易の確立を進めていき、やがてその競争相手だったオランダ人やポルトガル人をはるかにしのぐようになった。

茶は西欧まで海路によって運ばれていたが、ヨーロッパの他の地域には陸上の隊商がレヴァント経由で茶を運んでいた。そのようにして届いた最初の茶は、一六一八年にモスクワのロシア宮廷に中国大使館から贈られた数箱だった。それを運ぶのには十八ヶ月の困難な旅を要した。そしてもし中国人が、この贈り物によって彼らの茶製品に対する需要を生み出そうと望んでいたのだとしたら、この旅は徒労に終わった。というのは、当時ロシア人たちは茶に興味を示さなかったからである。この皇帝への茶の贈り物がモスクワに着いてから二十年近くもの間、この飲み物のヨーロッパでの利用に関しては、歴史的に重要なことは何も起こらなかった。

この時期、茶を万能薬だとする昔の多くの伝道者の賛辞は、問題視されずに伝えられていたわけではない。そうした反論の最初のものは、ドイツの医師であったシモン・パウリ博士（一六〇三〜八〇）が一六三五年に出版した。その医学的パンフレットには、恐るべき警告がたくさん載っており、茶を飲用することによって四十歳以上の全ての人は死が早まると主張していた。

その次に現れた話では、パウリ博士が批判をしていたのと同じくらい、茶を賛美していた。それは、若いドイツ人旅行家のヨハン・アルブレヒト・フォン・マンデルスロの日誌である。彼は一六三三年から四〇年に、ホルスタイン・ゴットープ公爵がモスクワ大公とペルシア王に遣わした使節団に随行した。彼はこう書いている。「毎日の通常の会合で、私たちは茶だけを飲んだ。それは、インド全土で広く用いられているもので、インドの人たちだけでなくオランダ人とイギリス人の間でも用いられている。彼らはそれを薬として飲んでいる。ペルシア人は、茶の代わりにコーヒーを飲んでいる。」

オランダで茶の利用について言及した最初のものは、一六三七年一月二日付の手紙である。それは、オランダ東インド会社の十七人の理事の名称として広く知られていた「十七人会」からバタヴィアのオランダ東インドの知事へ宛てた手紙である。それにはこう書かれていた。「この国民の中に茶を利用し始めた人もでてきたので、それぞれの船で日本と中国の茶を何壺か持って来るものと期待する。」

この頃ヨーロッパで茶を飲むことが実際好まれるようになってきていたことは、マンデルスロが「tsia」と呼ぶ日本人がたてた茶について記述している文で確認できる。「日本人はそれを、ヨーロッパで行うのとは全く違ったやり方で作る。」

ホルスタイン・ゴットープ公からペルシア王への使節団の秘書官だったアダム・オレアリウス（またはエールシュレーガー）は、一六三八年に書いた文章の中で、非常に質の高い茶がペルシア人の間でよく知られている、と述べている。ペルシア人は、「苦みが出て黒くなるまでそれを沸かし、ウイキョウ、アニス、またはクローブと砂糖を加える」と書いている。

一六三八年に、ムガール・ハン・アルトゥン宮廷のロシア大使だったワシリィ・スタルコフは、自分自身茶の浸出液を飲んでいたにもかかわらず、自分の主君であるロマノフ王朝の初代皇帝ミハイル・ロマノフ帝に対する多量の茶の贈呈は、皇帝が必要としないものだろうと言って断った。しかしながら、ロシアと東欧が茶を飲むことの効用についてまだ気付いていなかった時期に、ハーグの社交界では一六四〇年頃、高価だが流行している飲み物として取り入れられはじめていた。

ドイツにもたらされた最初の茶は、一六五〇年頃にオランダ経由で届いた。一六五七年までに、茶は主要な商品となっており、ノルトハウゼンの薬屋の値段表には一つまみで十五ギルダーと書かれていた。

ドイツでは、マールブルクのヨハン・ヤコブ・ヴァルトシュミット教授がこう書いていた。「ヨーロッパの混乱した状況についての心配事を十万ポンドも持ち歩いている地位が高く力のある紳士たちは、健康を保つために、熱い茶を飲むとよいだろう。」

しかしドイツでは、茶に猛烈に反対する人々もいた。その中でも傑出していたのは、イエズス会士のマルティーノ・マルティーニだった。彼は、茶が中国人の干からびた要望の原因なのだと主張し、「茶をぶっつぶせ！」と、呪いの言葉を投げつけた。

新たにわき起こってきた関心に応えて、オランダの博物学者ウィレム・テン・ライネは一六四〇年に茶について書いている。また、一六四一年には、著名なオランダ人医師のニコラス・ディルクス（一五九三～一六七四）がニコラス・トゥルプというペンネームで、ヨーロッパの医者として初めて、茶についての賛辞を述べた。

ジャワのバタヴィアで医師・博物学者だったヤーコブ・ボンティウス博士は、巧妙な対話の形でこの話題にさらに光を当てた。この対話は、一六四二年に初版が出された『インド東洋の自然史と薬』と題する書物を生き生きしたものにしていた。また、この対話はグリエルムス・ピソの論集『インド

の自然と薬に関して』にも収められている。引用すると、

アンドレアス・デゥレアス　茶と呼ばれる中国の飲み物のことをあなたは話されたが、それについてどのような意見をお持ちなのですか？

ヤーコブス・ボンティウス　中国人はこの飲み物をほとんど神聖といってもよいくらいのものと考えています。彼らが茶を出すまでは、もてなしてもらったと思ってはいけません。それはイスラム教徒のコーヒーに対する態度と全く同じです。茶は、乾燥質で、眠気を追い払います。また、喘息に喘ぐ患者にもよいものです。

当時有名だったオランダの他の医師たち、中でもブランカールト、ボンテコ、シルヴィウスらは、同様の賛美の意見を続々と述べた。教養ある化学者でもあったアタナシウス・キルヒャー神父もまた同様である。植物学者のヤコブ・ブレイニウスも、有名な化学者・生理学者・空想家だったヨハネス・バプティスタ・ファン・ヘルモント（一五七七〜一六四四）

茶の木［キルヒャー『シナ図説』1668年より］

もそうである。ヘルモントの教え子たちは、瀉血や緩下剤と同じ効果を茶は身体に対してもっているから、そうした薬の代わりに茶を用いるべきだと教わった。

当時茶についての賛辞を書いていたオランダの医師たちの中で、アルクマールのコルネリス・デッカー博士（一六四八～八六）、またの名をボンテコ博士は、最も傑出した唱道者だった。彼は他の誰よりも、ヨーロッパでその後広く取り入れられることを推進するために尽力した人物だと、広く考えられている。ボンテコは、毎日八杯から十杯の茶を飲むようにすすめ、五十杯、百杯、二百杯のお茶を飲むことに反対する理由はないと述べていた。実際彼は、自分自身しばしばそれくらいの量を飲んでいた。ボンテコ博士は、茶を賞賛した文章を書くようオランダ東インド会社に雇われていた可能性があると、歴史の中では噂されている。いずれにしても、売り上げ向上にはずみをつけた功績に対して、オランダ東インド会社は彼にかなりの謝礼を支払ったということが記録に残っている。

茶の材料としてミルクを使用することに最初に言及したのは、オランダの旅行家で作家であったジョン・ニーホフ（一六三〇～七二）である。彼は、一六五五年にオランダ東インド会社から中国皇帝への使節団に随行した。

茶を最初に取引した人々の中には、薬剤師たちも含まれていた。オランダで彼らは、砂糖、生姜、香辛料とともに茶をオンス単位で売っていた。しかし、茶は次第に植民地の産物を売る店へと入り込んで行き、それに続いて食料品店へと展開していった。一六六〇年から八〇年の間に、オランダで茶の利用が広まっていった。最初は上流階級の家庭で、そして後には中流階級や貧困層の家庭にまで広まった。コーヒーの場合と同じく、オランダで茶を公式に受け入れなかったという記録は歴史上存在しない。

ロシアは、一六八九年に中国とネルチンスク条約を締結した後、満州とモンゴルを経由して絵のように美しい陸上隊商路を通って、中国から茶を定期的に輸入するようになった。ロシアの対中国貿易は、この条約で中国北方国境のキアフタの町に限られていた。ここが両国の産物を交換する唯一の中継地となった。

北欧諸国は、最初オランダ人の商業活動を通して、後にデンマーク人を通じて、茶について知るようになったと考えられる。デンマーク人は、一六一六年にインド貿易に参加し始めた。

茶がフランスに入ってきたのは、聖職者たちの通達とオランダの医学的解説によってこの新しい中国の飲み物がヨーロッパのあちこちの首都で主要な議論の話題になった後のことであった。茶はパリに一六三五年に初めて登場したと言われているが、デラマール長官は著書『警察に関する論文』の中で、パリで一六三六年に茶が利用され始めたと主張している。アルフレッド・フランクリンは、そのどちらの年にも疑いを投げかけている。彼によると、フランスの有名な医師で作家だったガイ・パタン博士（一六〇一〜七二）からの一六四八年三月二十二日付けの手紙に、パリで最初の茶についての言及が含まれているということだ。この手紙の中でパタンは、「今世紀に不似合いなほど目新しいもの」として茶に言及し、さらにこう書いている。「モリッセという名の医師は、熟練した人物というよりも自慢屋タイプの人間ですが、ここパリで茶についての文章の出版を企てました。しかし、賛同者は誰も現れず、中にはその書物を焼き捨てた医師もいたし、出版を認めた主席司祭に抗議をした者さえいたほどです。その本をご覧になれば、あなたもきっとお笑いになることでしょう。」

パタンは、全ての新奇なもの、特に医学の分野について、反対ばかりする人だとされていた。しかし、フランスで茶の導入に反対だったのは、決して彼だけではなかった。モリッセの学位論文は、『茶は知力を高めるか?』という表題であった。その論文の中で、彼は茶を万能薬と褒め称え、コレージュ・ド・フランスであえて茶の効用について語る医師が一人もいなかったフランスの医学界に、大騒動をもたらした。

アレクサンダー・ド・ロード（一五九一～一六六〇）によると、パリっ子たちは数年後の一六五三年に茶に対してはるかに高い代価を支払っていた。彼はこう書いている。「オランダ人が中国からパリに茶を持ち込み、一ポンド三〇フランで売っている。しかし、彼らは中国でたった八～十スーしか支払っていない。おまけに、それは古くていたんでいる。人々はそれを貴重な薬とみなさなければならない。それは、神経性の頭痛の効果的治療薬であるだけでなく、尿砂と痛風の治療薬としても有効である。」

茶の治療薬としての効用にド・ロードが与えたお墨付きに触発されたのか、傑出した廷臣でフランスの首相であったカルディナル・マザランは、彼の痛風を治療するために茶を用いた。このことは著名な医師パタン博士の別の手紙によって知ることができる。その手紙は、一六五七年四月一日付のもので、高名な高位聖職者の選んだ治療法について繰り返し嘲っている。彼は軽蔑しながらこう書いている。「マザランは、痛風の予防法として茶を飲んでいる。これは好物のかたまり（痛風）に対する強力な治療法ではないか！」

一六五七年に、茶の熱烈な愛好家だった大使館一等書記官のセキエは、有名な外科医ピエール・クレッシーの息子が好みの飲み物を賞賛して書いた論文の献呈を受け入れた。このことは、茶の無慈悲な敵であったパタンを不愉快にさせた。しかし、驚きが彼を待ち受けていた。クレッシーの息子は痛風の治療法としての茶の効果の研究を行っていたのである。彼はその効果を四時間にわたって非常に雄弁に唱えたため、その大学の教授陣は、それまで持っていた茶に対する敵意を棄てただけでなく、煙草のようにそれを喫煙しさえした。

一六五九年、ドニ・ジョンケ博士は、茶を神聖な飲み物と述べることによって、パリの医師たちが一般にもっていた感情を言い表した。

奇妙な茶のいれ方がペール・クプレ伝道師によってヨーロッパにもたらされた。それは彼が中国から戻った一六六七年のことである。「一パイントの茶に、新鮮な卵二個の黄身を加える。そして、茶を甘くするのに十分な量の精製糖を加えて泡立て、よくかき混ぜる。ミゼレーレ聖歌をゆっくりと歌えるくらいの時間だけ、その茶に水を加えておく。」

一六七一年、フィリップ・シルヴェストル・デューフォーはリヨンで賞賛すべき論文『コーヒー、茶、チョコレートの利用に関して』を出版した。一六八〇年には、実に多くの興味深い出来事を記録した著名な手紙の書き手であるサヴィニェ夫人が、サブリエール夫人が茶にミルクを混ぜるということを思いついたと記している。これが、ヨーロッパで茶にミルクを用いた最古の記録である。さらに一六八四年にサヴィニェ夫人はこう書いている。「ターラントの王女は毎日十二杯の茶を飲み、ラングラーヴ氏は四十杯飲んだ。彼は瀕死の状態だったのが、みるみる回復した。」

一六八五年までには、文学界で茶が大いに好まれるようになった。アヴランシュの司教であったピエール・ダニエル・ユエは、『茶哀歌』と題する四十八連のラテン語詩の中で茶を称えた。また、教養あるフランスの作家であるピエール・プチは、『中国茶』と題する五百六十連の詩を書いた。この世紀の初頭に、劇作家ポール・スカロンはすでに、茶の愛好者となっていた。

パリの薬屋だったポメは、こうした文学界の砲撃の煙の中から姿を現し、一六九四年に、中国茶を一ポンドあたり七十フランで、日本茶を百五十から二百フランで売っていたと私たちに語っている。彼が述べたところによると、中上流階級の飲み物としての茶の流行は、コーヒーとチョコレートの導入によって苦境に立たされた。

スカンジナビアの文学で最初に茶が登場するのは、一七二三年にルズヴィ・ホルベア男爵（一六八四〜一七五四）が書いた喜劇『分娩妊婦』でのことだった。

イギリスへの上陸

英国に飲み物として茶が導入された経緯は、大きな冒険と奇妙な人々と興味をそそられる出来事に充ち満ちている。

英国人は早くも一五九八年にリンスホーテンの『旅行記』から茶の知識を得ていたし、十七世紀初頭に東インド会社の代理人を通じても茶について知っていたが、茶の利用は顧みられていなかったようだ。というのは、当時の嗜好やユーモアを反映した作品を書いていたイギリスの劇作家たちが、茶に全く言及していないからである。

イギリス東インド会社が、その商売敵であるオランダ東インド会社と同じくらい早く茶の可能性について発見し開発しなかったのは、奇妙なことのように思える。オランダ東インド会社は、一六三七年にはすべての船で中国と日本の茶を運んでいたのだから。だが、一六四一年にはすでに、イギリスでごく少数の人には茶が確かに知られていた可能性がある。というのは、その年に出版された貴重な『温かいビールに関する論文』の中で、著者は冷たい飲み物と対照的にすでに知られている温かい飲み物のもつ利点について記録にとどめており、茶についても言及しているからだ。ただしそれは、イタリアのイエズス会神父マッフェイの「中国の人々はたいてい、茶と呼ばれる香草を濾した液体を熱い状態で飲む」ということばを引用しただけのものであったが。

当時はまだ英語に「茶」にあたる単語がなかった。そのため、その頃の英国の著述家たちは、慣例的に中国名の「チャ」に近いものを使っていた。茶は一六二五年に『パーチャス　彼の旅人』の中で「チア」として登場している。旅行記を集めたこのイギリスの書物から引用すると、「彼らはチアと呼ばれる一種の香草の粉を用いる。それをクルミの殻にちょうど入るくらいの量だけ磁器のポットに入れ、熱い湯を注いで飲む。」脚注でパーチャスは、チアは「日本と中国のあらゆるもてなしの中で」用いられると記している。

一六三七年には、四隻の船からなるイギリス艦隊が珠江の河口に入り、彼らに特徴的な攻撃性で、マカオで彼らと対抗していたポルトガル人を追いやった。広東に着くとすぐに、彼らは中国人商人と直接接触した。しかし、この時に茶が運ばれたことを示す記録は全くないし、さらに二十七年後にイギリス人がマカオを二度目に訪問した時にもそのような記録はない。

一六六四年のすぐ後に、イギリス人商人は厦門《アモイ》の港に定着した。そこは一世紀近くにわたって、中国におけるイギリス人の主要な基地となった。ここで彼らは福建方言から中国人が使っていた茶に対する単語 t'e（tay）を取り出し、それを「t-e-a」と綴った。二重母音として ea と書くことによって、長い a の音をもたせた。

茶が英国に最初に輸入された記録は残っていない。おそらく最初の輸入は、オランダ、フランス、ドイツに茶が初めてもたらされたのとほぼ同時期のことだっただろう。それは、十七世紀の半ば頃である。ロンドンのコーヒー・ハウス経営者であったトーマス・ギャラウェイによる片面刷りポスターからわかることは、一六五七年以前に茶の葉と飲み物は「ぜいたくな治療ともてなしで王位の象徴として」のみ用いられており、「王子と大公への贈り物として」用いられていたということである。そのような利用に対して、買い手は一ポンドあたり六から十ポンド支払うことを強いられたし、茶がまだイギリスで売られていなかった

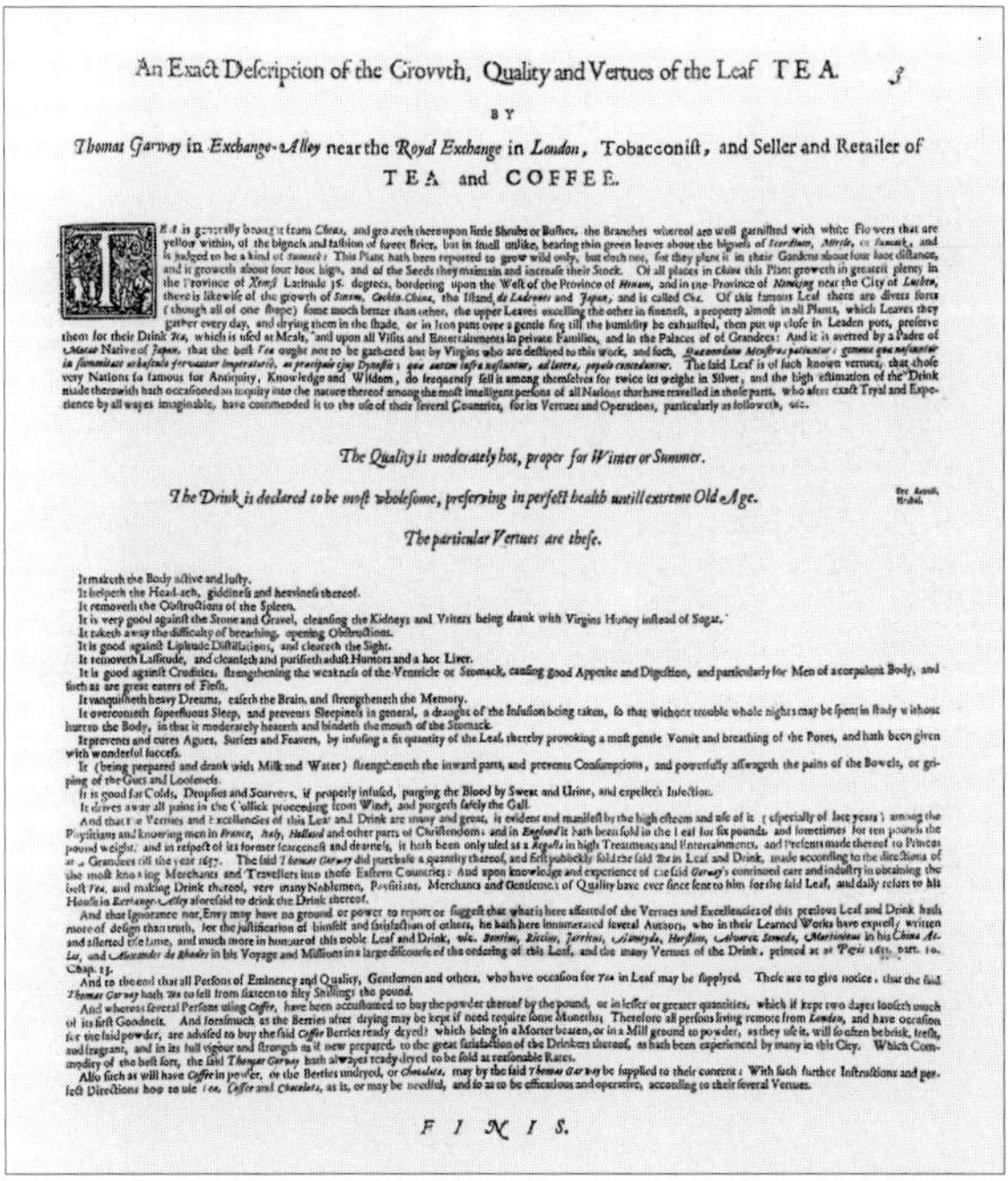
An Exact Description of the Growth, Quality and Vertues of the Leaf TEA.

BY

Thomas Garway in Exchange-Alley near the Royal Exchange in London, Tobacconist, and Seller and Retailer of TEA and COFFEE.

TEA is generally brought from China, and groweth thereupon little Shrubs or Bushes, the Branches whereof are well garnished with white Flowers that are yellow within, of the bigness and fashion of sweet Brier, but in smell unlike, bearing thin green leaves about the bigness of Scordium, Mirtle, or Sumack, and is judged to be a kind of Sumack: This Plant hath been reported to grow wild only, but doth not, for they plant it in their Gardens about four foot distance, and it groweth about four foot high, and of the Seeds they maintain and increase their Stock. Of all places in China this Plant groweth in greatest plenty in the Province of Xemsi Latitude 35. degrees, bordering upon the West of the Province of Honam, and in the Province of Namking near the City of Lucheu, there is likewise of the growth of Siam, Cochin-China, the Island de Ladrones and Japan, and is called Cha. Of this famous Leaf there are divers sorts (though all of one shape) some much better than other, the upper Leaves excelling the other in fineness, a property almost in all Plants, which Leaves they gather every day, and drying them in the shade, or in Iron pans over a gentle fire till the humidity be exhausted, then put up close in Leaden pots, preserve them for their Drink Tea, which is used at Meals, and upon all Visits and Entertainments in private Families, and in the Palaces of Grandees: And it is averred by a Padre of Macao Native of Japan, that the best Tea ought not to be gathered but by Virgins who are destined to this work, and such, ... The said Leaf is of such known vertues, that those very Nations so famous for Antiquity, Knowledge and Wisdom, do frequently sell it among themselves for twice its weight in Silver, and the high estimation of the Drink made therewith hath occasioned an inquiry into the nature thereof among the most intelligent persons of all Nations that have travelled in those parts, who after exact Tryal and Experience by all wayes imaginable, have commended it to the use of their several Countries, for its Vertues and Operations, particularly as followeth, viz.

The Quality is moderately hot, proper for Winter or Summer.

The Drink is declared to be most wholesome, preserving in perfect health untill extreme Old Age.

The particular Vertues are these.

It maketh the Body active and lusty.
It helpeth the Head-ach, giddiness and heaviness thereof.
It removeth the Obstructions of the Spleen.
It is very good against the Stone and Gravel, cleansing the Kidneys and Uriters being drank with Virgins Honey instead of Sugar.
It taketh away the difficulty of breathing, opening Obstructions.
It is good against Lipitude Distillations, and cleareth the Sight.
It removeth Lassitude, and cleanseth and purifieth adust Humors and a hot Liver.
It is good against Crudities, strengthening the weakness of the Ventricle or Stomack, causing good Appetite and Digestion, and particularly for Men of a corpulent Body, and such as are great eaters of Flesh.
It vanquisheth heavy Dreams, easeth the Brain, and strengtheneth the Memory.
It overcometh superfluous Sleep, and prevents Sleepiness in general, a draught of the Infusion being taken, so that without trouble whole nights may be spent in study without hurt to the Body, in that it moderately heateth and bindeth the mouth of the Stomack.
It prevents and cures Agues, Surfets and Feavers, by infusing a fit quantity of the Leaf, thereby provoking a most gentle Vomit and breathing of the Pores, and hath been given with wonderful success.
It (being prepared and drank with Milk and Water) strengtheneth the inward parts, and prevents Consumptions, and powerfully asswageth the pains of the Bowels, or griping of the Guts and Looseness.
It is good for Colds, Dropsies and Scurveys, if properly infused, purging the Blood by Sweat and Urine, and expelleth Infection.
It drives away all pains in the Collick proceeding from Wind, and purgeth safely the Gall.
And that the Vertues and Excellencies of this Leaf and Drink are many and great, is evident and manifest by the high esteem and use of it (especially of late years) among the Physitians and knowing men in France, Italy, Holland and other parts of Christendom: and in England it hath been sold in the Leaf for six pounds, and sometimes for ten pounds the pound weight; and in respect of its former scarceness and dearness, it hath been only used as a Regalia in high Treatments and Entertainments, and Presents made thereof to Princes and Grandees till the year 1657. The said Thomas Garway did purchase a quantity thereof, and first publickly sold the said Tea in Leaf and Drink, made according to the directions of the most knowing Merchants and Travellers into those Eastern Countries: And upon knowledge and experience of the said Garway's continued care and industry in obtaining the best Tea, and making Drink thereof, very many Noblemen, Physitians, Merchants and Gentlemen of Quality have ever since sent to him for the said Leaf, and daily resort to his House in Exchange-Alley aforesaid to drink the Drink thereof.
And that Ignorance nor Envy may have no ground or power to report or suggest that what is here asserted of the Vertues and Excellencies of this pretious Leaf and Drink hath more of design than truth, for the justification of himself and satisfaction of others, he hath here innumerated several Authors, who in their Learned Works have expresly written and asserted the same, and much more in honour of this noble Leaf and Drink, viz. Bontius, Riccius, Jarricus, Almeyda, Horstius, Alvarez Semedo, Martinious in his China Atlas, and Alexander de Rhodes in his Voyage and Missions in a large discourse of the ordering of this Leaf, and the many Vertues of the Drink, printed at Paris 1653. part. 10. Chap. 13.
And to the end that all Persons of Eminency and Quality, Gentlemen and others, who have occasion for Tea in Leaf may be supplyed. These are to give notice, that the said Thomas Garway hath Tea to sell from sixteen to fifty Shillings the pound.
And whereas several Persons using Coffee, have been accustomed to buy the powder thereof by the pound, or in lesser or greater quantities, which if kept two dayes looseth much of its first Goodness. And forasmuch as the Berries after drying may be kept if need require some Moneths; Therefore all persons living remote from London, and have occasion for the said powder, are advised to buy the said Coffee Berries ready dryed; which being in a Morter beaten, or in a Mill ground to powder, as they use it, will so often be brisk, fresh, and fragrant, and in its full vigour and strength as if new prepared, to the great satisfaction of the Drinkers thereof, as hath been experienced by many in this City. Which Commodity of the best sort, the said Thomas Garway hath alwayes ready dryed to be sold at reasonable Rates.
Also such as will have Coffee in powder, or the Berries undryed, or Chocolate, may by the said Thomas Garway be supplied to their content: With such further Instructions and perfect Directions how to use Tea, Coffee and Chocolate, as is, or may be needful, and so as to be efficatious and operative, according to their several Vertues.

FINIS.

ギャラウェイによる最初の茶の広告ポスター、1660年、大英図書館蔵

ため国外で供給を得なければならなかった。

この同じポスターから、もう一つわかることがある。一六五七年に、茶の葉と飲料がイギリスで初めて、煙草商人でコーヒー・ハウスのオーナーだったトーマス・ギャラウェイによって、取引所小路の彼の店で公に売り出されたのである。この有名なコーヒー・ハウスは、「ギャラウェイズ」として後世に知られているが、大きな商取引の中心であった。この大都市の商業生活の中で突出した人々が、茶とコーヒーに加えて、エール、パンチ、ブランデー、アラックなどをこの店で飲んで気分転換をするのが常だった。

ギャラウェイが売っていた茶は、顕著な予防治療効果をもつと考えられていた。しかし、そのことはロンドンで一般にはほとんど知られていなかった。そこでギャラウェイは、東洋から戻ってきた最高の情報を持っている商人と旅行家たちに、その飲み物の作り方について指示を仰ぎ、それに従って茶をいれた。自分の家

ギャラウェイのコーヒー・ハウス

やその他の場所で茶をいれたいと望んでいる顧客のために、彼は下準備をした茶葉を一ポンドあたり十六から六十シリングですべての顧客に売り出した。これは、一ポンドあたり百四から百四十シリングの節約となった。公正な値段を確立すると、彼はさらに続けてポスターで茶の質と効用を告知した。これは、茶に対する最も早い最も効果的な広告の一つとして、歴史的に重要なものとなっている。

ギャラウェイは、この時代の風変わりで趣のある広告文の中で、茶は暑い時にも寒い時にも適していること、多くの医学的効力があること、覚醒を促すということを説明した。

ギャラウェイの客の中で、肥満体だったり、「胃」が弱かったり、「尿管」を煩っていたり、その他いろいろなことがある人は誰でも、この注目すべきポスターの主張を読んで、絢爛たる東洋から来たこの万能薬の庇護を日々求めたことであろう。実際、このポスターの編集上の功績の多くはギャラウェイの勤勉さに帰するものである。彼はその勤勉さによって、中国人の書いたものや極東に派遣された初期のイエズス会宣教師の書いたものの中でなされていた、茶が薬として役に立つとする風変わりな主張のほとんどすべてを、一枚の紙という限られたスペースになんとかうまく要約してみせたのだ。

イギリスの社会・宗教生活の中で傑出した人々は、この新しい中国の飲み物に大いに興味をそそられた。バルソーのイギリス東インド会社の仲買人であったダニエル・シェルドンが一六五九年に同会社のバンデルの仲買人に宛てた手紙では、茶の見本を伯父に送るために至急入手したいとの要求が書かれていた。その伯父とは、カンタベリー大主教であった著名なギルバート・シェルドン博士であった。彼はこう書いている。

「もし可能なら茶（chaw）を調達していただきたいとお願いしなければなりません。費用はどれほどかかっても構いません。それは私の親密な伯父であるシェルドン博士のためなのです。彼は人の勧めで、茶の葉がもつ神性について学ぼうとしています。私は、伯父の好奇心を満足させなければと思っておりますので、日本か中国へ行けるものなら行ってみたい気持ちでいっぱいです。」

バンデルで茶を手に入れるのは容易なことではなかったようで、シェルドンは再びこう書き送っている。「お願いですから、とにかく、もし茶が売られていたら買って下さい。そして、それが何に効くのか、どのように使ったらいいのか、といったことについての助言を得られるように願っております。」結局どのような顚末になったのか、この手紙のやりとりからはわからない。しかし、どうであれ、この大主教の好奇心が長いこと満たされないままだったということはなさそうである。というのは、すでにロンドンでは茶が数年前から売られていたからである。

サミュエル・ピープス（一六三三〜一七〇三）は、雑談風の日記を残しているイギリスの海軍大臣を務めた人物だが、彼の日記のおかげで当時の日常生活と風習について多くのことを詳しくうかがい知ることできるのだ。例えば、一六六〇年九月二十五日付の日記には、このように書いてある。「一杯の茶（中国の飲み物）を取り寄せた。この飲み物を私は飲んだことがなかった。」

茶の効用についてどのような主張が東洋からイギリスに伝わってきていたのかということは、現在大英博物館に所蔵されている手稿ではっきりわかる。これは、警察官であり公務員であったT・ポーヴェイの書類から一六八六年に書き写されたものであり、中国人の賛辞の翻訳と称していて、ギャラウェイのポスターにあったのとほとんど同じような説明が含まれていた。

十七世紀の記録でも、イギリスへの喫茶の真の導入はロンドンのコーヒー・ハウスで始まったということが示されている。ロンドンのコーヒー・ハウスでは、コーヒー、チョコレート、シャーベットに加えて茶が出されていた。ギャラウェイが指摘しているように、それ以前のイギリスで茶は、珍しい「治療薬」として利用されるか、時たま大公の宴で用いられるのに限られていた。しかし、今や、コーヒー・ハウスで誰もが楽しむようになったのである。そしてそれはすぐに、町中の人々の話の種となった。

コーヒー・ハウスは、この新しい飲み物をたくさん作った。これらの独特の人が集まる場所は、ビジネスマンや専門職や文学者などそれぞれの店に多かれ少なかれ独自の顧客がいて、「ティー・ハウス」ではなく「コーヒー・ハウス」と呼ばれるようになったのは、イギリスで飲み物として公に売られるようになったのがコーヒーの方が茶よりも数年早かったからである。

コーヒー・ハウスは、今日のロンドンのクラブハウスの先駆けとなったが、イギリス人の性質にあまりにぴったり合っていたため、永続しそうな地位を急速に築いた。ここでは当時のあらゆる政治的主題が議論された。そして上流階級だけでなく中流階級の人々も、この新たな楽しみの場にしばしば出入りし、公的な問題についての知識が広く伝わることとなった。

一六五〇年に、イギリスで最初のコーヒー・ハウスがレバノン出身のあるユダヤ人によってすでに開店していた。そのユダヤ人の名はヤコブといい、オックスフォード東部の聖ペテロ教区にあるエンジェルでのことである。イギリスの古物蒐集家の作家アントニー・ウッド（一六三二〜九五）は、「そしてそこで、物珍しいものの好きな人たちがコーヒーを飲んだ」と書いている。

コーヒー・ハウスは、首都ロンドンの様々な場所だけでなくイギリスの国中にやがて出現し、他のアルコールを含まない飲み物とともに茶をだすようになった。

コーヒー・ハウス「スルタン妃の頭」は、茶をもてなしの一部として最も早く採用した場所の一つであった。一六五八年九月三十日に、その経営者は、茶の最初の新聞広告を『政治通報』に載せた。その広告はこう告げている。「そのすばらしい、すべての医師が認めている、中国の飲み物、中国人がチャと呼び、他の国の人々がテイまたはティーと呼んでいる飲み物が、ロンドンの王立取引所の近く、スウィーティングズ・レンツのコーヒー・ハウス『スルタン妃の頭』で発売中。」

この頃、茶はいたるところで提供されており、健康的なすばらしい飲み物として受け入れられていた。もしかしたら、これには多少の好意的心理が働いていたのかもしれない。というのは、人々は飲み物に治療的な価値があると考えることを好んでいたからである。そして茶はすぐに「楽しみと健康のための最高の飲み物」として認められるようになった。

茶、コーヒー、チョコレートはすべて、ロンドンのコーヒー・ハウスですぐに人気を得た。一六五九年十一月十四日付でトーマス・ラッグは政治通報に、こう書いている。「この当時、コーヒーと呼ばれるトルコの飲み物がほとんどすべての通りで売られていた。茶と呼ばれる別の種類の飲み物も売られていた。そしてさらに、チョコレートと呼ばれるとても栄養のある飲み物も売られていた。」

茶は、取引所小路にあるジョナサンという別のコーヒー・ハウスでも売られていた。セントリヴァ婦人は、彼女の書いた演劇『妻の強烈な一撃』で、ジョナサンでのシーンを描いている。この店でのビジネスを演じている中で、彼女は給仕の少年にこう叫ばせている。「皆さん、入れたてのコーヒーです！　入れたてのコーヒー！　皆さん、ウーイー茶です！」

コーヒー・ハウスが人気を得て繁栄するのと比例して、酒場はさびれていった。そして政府は、税収の大幅な減少に直面して、コーヒー・ハウスで出されているアルコール飲料に税金を課すことによってこの不足額を埋め合わせることが必要だと考えた。さらに、コーヒー・ハウスは、酒場やビヤホールに課していたのと同じ種類の認可のもとに置かれたのである。

茶がイギリスの法律の中に最初に登場したのは、一六六〇年、チャールズ二世の法令二十一条であった。その中で、販売された茶、チョコレート、シャーベットには一ガロンあたり八ペンスの消費税が課された。この法は、コーヒー・ハウスの経営者に、四季裁判所で免許をとることと、消費税の支払いを要求した。これに従わない場合には、一月五ポンドの罰金が課せられた。

物品税収税吏は、定められた間隔でコーヒー・ハウスを訪れ、そこで売られているそれぞれの飲み物のガロン数を量った。しかしこの計画は多くの不備があり、実行するのが困難だった。というのは、物品税収税吏は、税金を課せられる飲み物が売られる前にそれを見て量らなければならなかった。しかし、査察と査察の間の期間もつだけの十分な量の茶を作っておいて、それを小さな樽に貯蔵し、必要に応じてそこから取り出して温めるというのが通例だったのだ。

一六六九年、オランダからの輸入は英国の法律で禁じられた。これによって、英国東インド会社の独占が生み出された。

小銭が不足していたため、十七世紀のコーヒー・ハウスの経営者や他の商売人たちは大量のトークン（商売用のコイン）を発行した。それらは、銅、真鍮、錫と鉛の合金、さらには金メッキをした皮などで作られていた。そして、発行者の名前と住所と職業、一枚の額面価格、そして発行者の商売についての何らかの記述があった。こうしたトークンは、その額面価格ですぐに商品と交換することができ、ごく近所の店で流通しており、隣の通りよりも遠くまで出回ることはまずなかった。茶はあら

茶とコーヒーのトークン、1658年頃

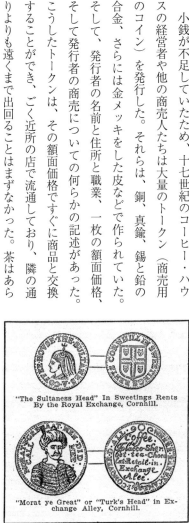

ゆるコーヒー・ハウスで売られていたにもかかわらず、ターバン状の飾り結びを頭にした人物が描かれたトークンだけが茶について言及している。

ブラガンサのキャサリン王女が英国王室に入ってから、イギリスの淑女たちの間で茶は流行の飲み物となった。キャサリン王女は、ポルトガルの王女で茶の愛好家であり、チャールズ二世と一六六二年に結婚した。彼女は英国で茶を楽しむ最初の女王となった。彼女の好んだ非アルコール飲料をエールとワインとスピリッツに代わって宮廷で流行の飲み物にすることができたのは、彼女の功績である。そうしたアルコール飲料で、イギリスの紳士たちだけでなく淑女たちも、「朝昼晩に習慣的に脳を興奮させ脳を麻痺させていた」のである。

ブラガンサのキャサリン王女
1660年頃、ロンドン・ナショナル・ポートレート・ギャラリー蔵

十七世紀初頭には三百万人だった人口が世紀末には五百万人にまで増加し、キャサリン女王の時代のイギリスはその大部分が、エリザベス女王時代から伝えられた文化を楽しみながら、「開放的で自由気まま」であった。

チャールズ二世の宮廷で流行のもてなしとして喫茶にさらなるはずみがつけられたのは、国務大臣でアーリントン卿のヘンリー・ベネットとオソリー伯爵のトーマス・バトラーが一六六六年にオランダのハーグからロンドンに帰国した時であった。彼らは、カバンに大量の茶を入れて持ち帰り、大陸の最新で最も貴族的な流行にならって、彼らの夫人たちがその茶を供した。当時オランダは、茶をいれる優雅さの頂点にあり、社会的に重要な家はどこも高級な茶室を持っていた。

アーリントン卿とオソリー卿が帰国した時代は、フランスの歴史家アブ・レイナル（一七一三〜九六）が書いているように、「茶はロンドンで、一ポンド七十リーブル（二ポンド十八シリング四ペンス）で売られていた。バタヴィアではたった三から四リーブル（二シリング六ペンスから三シリング四ペンス）しかかからなかったのに」。値段が高いために一般に普及しないという事実があるにもかかわらず、この値段はほとんど変動することなく維持された。しかしながら、宮廷での流行は淑女たちにさらなる興味をもたらした。そしてロンドンの薬屋は、急いで彼らの薬局に茶を置いた。一六六七年に、ピープスは日記にこう記録している。「家に帰ったら、妻が茶を入れていた。ペリング氏が彼女に、風邪と鼻水によいと言っていた飲み物だ。」

コーヒー・ハウスは治安妨害の場所だとしてチャールズ二世は弾圧を試みたが、その後二ペンスで一皿の紅茶またはコーヒー（それに加えて新聞と明かり）を出していたこれらの「ペニー大学」は新たな生命をもつようになった。後援者のグループが特定のコーヒー・ハウスをひいきにし始めたのである。こうしたグループが派閥となり後にクラブへと変わっていった足跡は、容易にたどることができる。彼らはしばらくそのコーヒー・ハウスで集まっていたが、やがて最終的には自分たち専用の場所を求めるようになった。

そしてコーヒー・ハウスは衰退し、それに代わって楽しみの庭園が興隆した。「茶商」は茶の葉を上流階級の家庭に売り始めた。十八世紀半ば頃には、茶は広く用いられるようになった。しかしながら、「上質の人々」はウーイー茶と緑茶に一ポンドあたり三十シリングをまだ払っていた。

薬や婦人帽と茶を扱うロンドンの業者カード、18世紀

コーヒー・ハウスと薬屋に続いて、ガラス器屋、婦人帽商人、絹織物商、陶磁器商人が茶を扱い始めた。「速記者」が（彼の唯一の副業として）茶を売っていたという記録さえある。一八〇五年にもなると、ストランド街の「上級の茶商」は、茶の重さを薬剤師の秤《はかり》で量る習わしとなった。

ロンドン市のある茶会社は、ピープスの友人であるダニエル・ローリンソンから系統をたどることができる。ローリンソンは一六五〇年にマイター亭の経営者となった。茶と茶製品が加えられると、彼は「三つの砂糖塊と王冠」を自分の看板として用いるようになった。ストランド通りのトワイニングスは、トムズ・コーヒー・ハウスから発展して一七〇六年に開かれた。ここで初めて女性たちがいすかごに座って茶のブレンドを選ぶようになった。フォートナム・アンド・メイソン社は、アン女王の治世にまでさかのぼることができる。R・O・メンネル社の茶事業は、一七二五年にヨークで独身女性のマリア・トュークが始めた。

一六八〇年には、スコットランドで茶が初めて飲まれた。それは、ジェームズ二世の妻として後に大ブリテンとアイルランドの女王となるヨーク公妃、モデナのメアリーによって、エディンバラのホリールード宮殿でふるまわれた。その公爵と公爵夫人は、実質的には追放の身であり、最初ハーグで社交術として喫茶に親しみ、後にホリールードにこの珍しい飲み物をもたらしてスコットランド貴族の間で友人や熱心な支持者たちを驚かせた。

一七〇五年、エディンバラのルケンブースの金細工師だったジョージ・スミスは、緑茶を十六シリング、ウーイー茶を三十シリングで販売するという宣伝を出した。一緒に茶を売り出すことの価値についてあれこれ考えてそれと宝石とを何らかの形で結びつけたのかもしれない。そのような値段で、抜け目のないスコットランド人に茶がどれだけ売れたかは、記録がない。しかしながら、一七二四年までに、スコットランドであらゆる階級の人々がこの飲み物を飲んでいた。

しかし中には、この飲み物が値段は高いし時間を浪費させる非常に不愉快なもので、スコットランドの人々を弱く女々しい人間にすると考えていた者もいる。例えば、フォーブズ控訴裁判所長官の一七四四年の判決がそれである。この時代、「茶の脅威」を鎮圧しようという精力的な運動がスコットランド中で起きていたのだ。この中国の葉を非難してもっと男らしいビールの魅力を強くアピールする決議が、あちこちの町や教区や州で採択された。

イングランドで一六七八年に茶に対するいくつかの攻撃が起こったが、その嚆矢となったヘンリー・セイヴィル氏は、おじの皇帝政府コヴェントリー長官宛てに、自分の友人の何人かを鋭く批判してこう書いた。「彼らは、食事の後にパイプや酒ではなく茶を求めるのだ。」これを彼は「卑しいインドの習慣」と特徴づけている。

一七三〇年、スコットランドの医師トーマス・ショート博士は、『茶に関する論述』を公刊した。その中で彼は、茶についての空想的なすぐれた性質を信じることを拒んだ。彼は、茶が「人々を水蒸気の中に」投げ込み、他の多くのひ

18世紀初めのロンドンのコーヒー・ハウス、大英博物館蔵

どい慢性疾患に陥らせると信じていた。

イングランドでは茶に関する議論が幾度か起こっているが、その一つが一七四五年頃にわき起こった。その反響は、『フィメイル・スペクテーター』誌の古い号に見ることができる。そこでは、茶は「家事の破滅のもと」としてきっぱりと糾弾されている。アーサー・ヤング（一七四一～一八二〇）は、十八世紀後半に最も影響力をもっていた社会経済専門家であるが、国全体の経済に対して喫茶がもたらす効果は最悪のものだと述べた。彼は、大いに当惑していた。というのは、「男性も女性とほとんど同じくらい茶をたしなむようになり、労働者は茶を飲むテーブルに行ったり来たりして時間を浪費しているし、農場の使用人ですら朝食に茶を望んでいる」という慣習が広まっていたからである。ヤングは、こんなにも邪悪な飲み物によって彼らが時間を浪費し続け健康をそこない続けたならば、「かわいそうな人々は、これまでないほどに苦しむことになるだろう」と予言までしている。

茶と英国の繁栄はともに、一七四八年に新たな攻撃を被る。偉大な伝道師であるジョン・ウェスレイ（一七〇三～九一）が信奉者たちに、医学的理由と道徳的理由によって茶の利用をやめるよう説いたのである。ウェスレイは、茶を飲むことが肉体と魂のどちらにも害であると非難した。中国と日本の仏僧たちは、当時利用されていたアルコール飲料を攻撃する武器として、茶という非アルコール飲料を昔からとらえていたのだが、彼らとは違ってウェスレイは、酒類に対するのとほとんど同じように茶を糾弾し、茶の利用を控えてそれによって蓄えられたお金を慈善事業のためにあてるよう呼びかけた。ウェスレイがこのような態度をとったのは、彼曰く、茶をやめた結果麻痺性の疾患が消えて回復したからだ、ということである。

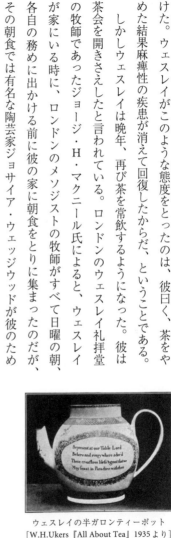

しかしウェスレイは晩年、再び茶を常飲するようになった。彼は茶会を開きさえしたと言われている。ロンドンのウェスレイ礼拝堂の牧師であったジョージ・H・マクニール氏によると、ウェスレイが家にいる時に、ロンドンのメソジストの牧師がすべて日曜の朝、各自の務めに出かける前に彼の家に朝食をとりに集まったのだが、その朝食では有名な陶芸家ジョサイア・ウェッジウッドが彼のために特別に作った半ガロンほども入るティーポットがいつも使われていた。このポットは、ウェスレイが亡くなったシティ・ロード・ハウスの部屋に現在展示されている。

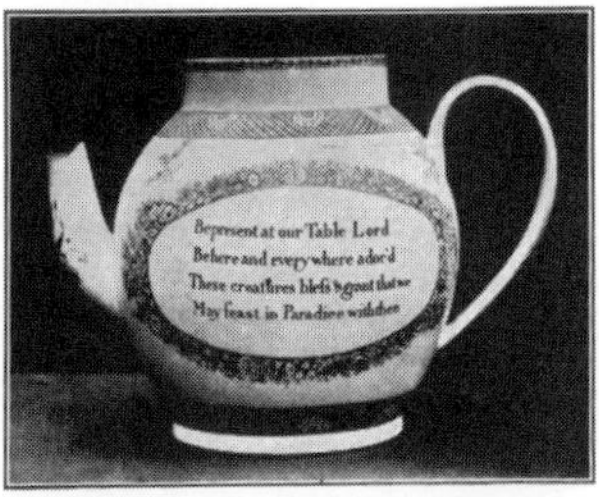

ウェスレイの半ガロンティーポット
[W.H.Ukers『All About Tea』1935より]

茶に対する最も有名な攻撃の一つは、ジョーナス・ハンウェイ（一七一二〜八六）によるものだ。彼は、見たところ気だてがよく親切なロンドンの商人で作家でもあったが、『八日間の旅日誌』の中で、茶は「健康に有害で、産業活動を妨げ、国を貧困にする」ものだと烙印を押している。

ハンウェイの日誌は、サミュエル・ジョンソン博士（一七〇九〜八四）の行く手をさえぎった。彼は自ら選んだ飲み物に対する公然の趣味に比例した積極性でそれに応えた。ジョンソン博士は「ほとんど信じられないくらいの度を超した茶の愛好者」だったと、彼の伝記を書いた伝記作家の一人であるジョン・ホーキンズ卿は書いている。「茶が出てくるといつでも、彼はほとんど半狂乱と言えるほどだった。そして彼はその材料をきき、それを用いてその飲み物を口に合うように作った。これが、外見はギリシア神話のポリュフェモスと比肩された屈強な肉体をもつ男の本当の姿である。」

ジョンソンのこの弱点を知れば、この高名な医者が自分の好みの飲み物を弁護するのに躍起になっていた時の喜びを、すぐに見てとることができるだろう。『リテラリー・マガジン』に掲載された論文で、彼はユーモアのセンスにあふれた揶揄《やゆ》でハンウェイを打ちのめした。彼は自分自身についてこう宣言している。「札付きの恥知らずな茶愛好家で、何年も前からこの魅惑的な植物の浸出液だけで食事を薄めている。この男のやかんは冷える暇がほとんどない。彼は茶で夜を楽しみ、茶で深夜を慰め、茶で朝を歓迎する。」

アメリカでの騒動

飲み物としての茶の利用は、十七世紀初頭に大西洋沿岸に移住したアメリカへの入植者には知られていなかった。実際、その当時はまだ彼らの母国でもほとんど知られていなかったのだが。アメリカ最古の茶の利用についてはっきりした記録は残っていないが、茶を飲む習慣がオランダから持ち込まれたことと、オランダ領ニュー・アムステルダムが十七世紀半ば頃にアメリカで最初に茶が飲まれた植民地だったことは、まず確実である。

ニュー・アムステルダムの市民が茶を利用したことについては、全く疑いがない。少なくとも、茶を買う余裕のあった人たちは茶を飲んでいた。というのは、現在まで残っている彼らの商品目録のいくつかを見れば、オランダ本国と同様に、しかもほぼ同じ時期に、その植民地でも茶を飲むことが社会習慣になっていたことがわかるからだ。

早くも一六七〇年には、マサチューセッツ植民地で茶が知られており、おそらく限られた範囲で利用されていた。ボストンで最初に茶が売られたのは、一六九〇年のことである。その茶を扱ったのは、ベンジャミン・ハリスとダニエル・ヴァーノンという二人の商人であった。彼らはイギリスの法律に従って「公然と」茶を売るための許可書を取り出した。イギリスの法では、茶の調達人は茶を売るための許可書を持っていなければならないと決められていたのだ。どうやら、ボストンでの茶の利用はその当時から、珍しいことではなかったようだ。というのは、首席裁判官シューアルが日記に、一七〇九年にウィンスロップ婦人の邸宅で茶を飲んだことを書き付けているからだ。彼は、それが特に変わった出来事であるかのような説明は、なんら加えていなかった。

当時イギリスで人気だったウーイー系の茶、すなわち紅茶が、広く用いられた。しかし一七一二年、ボストンの薬屋ザブディール・ボイルストンが、「緑の普通の」茶を売り出して宣伝した。

ウィリアム・ペンは、一六八二年にデラウェアで彼が創設したクエーカー入植地に茶を持ち込んだ人物と一般に信じられている。彼はまた、「兄弟愛の町」フィラデルフィアに、人類の兄弟であるもう一つの偉大な飲み物コーヒーをもたらした。最初、「茶と同じくコーヒーは、金持ちのための飲み物にすぎず、それ以外の人たちはちびりちびりと少しだけしか飲むことができなかった」。他のイギリス植民地でも、茶を支持する人々は増えていたが、コーヒーはしばらくすたれていた。特に家庭ではその傾向が強かった。一七六五年の印紙税法とそれに続く一七六七年のタウンゼント諸法によって、ペンシルヴァニア植民地は他の植民地と手をたずさえて茶の包括的ボイコットを行った。そして、こうした植民地ではどこでも、コーヒーの売り上げが増加した。

十八世紀の半ばまでに、アメリカの植民地は成長期の苦しみを経験し始めるようになっていた。二十世紀の冷静な歴史家のほとんどは、革命戦争が大企業のせいで起きたも同然だという見解で一致している。東インド会社による茶の独占や、イギリスと植民地の茶商人がその代表である。革命は無税の糖蜜やラム酒が原因で始まったとしても不思議ではなかったが、実際には茶だったのである。

印紙税法が通過する二年前、ボストンの商人たちはすでにクラブで団結して、糖蜜への課税を実施に移すいかなる試みにも反対した。ジョン・アダムズが後に、「糖蜜はアメリカ独立に必須の成分だった」と述べている。茶もまたそうであった。

一七六五年に印紙税法が、来るべき狂気の前触れとして、議会を通過した。それによって、ヴァージニアのパトリック・ヘンリーに導かれたアメリカ入植者たちからの抗議と抵抗がすぐに爆発した。

彼らは単に、課税反対と、よくある大騒ぎをするイギリス人たちだった。ジェームズ・オティスは、集会の同意なしに、彼らに課税すべきではないと言った。

広東貿易において、茶はこの時までに最も重要な地位を得ていた。ちなみに、競争相手であった大陸の東インド会社による茶の船荷は、イギリスの東インド会社のそれをはるかに上回っていた。その理由は明白だった。これらの船荷の大部分はイギリスとアメリカに密輸されていたのだ。関税が高かったために、「自由貿易」への欲求が高まっていたのである。

興味深いことに、十八世紀のアメリカ入植者たちは、それ以降の世紀のオーストラリア人と同じくらい茶をたくさん消費していたのである。しかしながら、ロンドンの茶販売から関税を払って届いた茶よりも、より安い密輸品の方を好み始めるようになっていた。

嫌われものの印紙税法は、一七六六年に廃止された。しかしそれは、アメリカでの道徳的効果を求めるには遅すぎた。オランダ人が目に入るあらゆる商売をすくいとっていった。続いて、一七六七年には不運なタウンゼント関税が実施されるが、一七七〇年には、茶一ポンドあたり三ペンスの関税が課されることを除いてすべて廃止された。そして、この上ない愚行のための舞台が完全にととのった。

悲惨な財政的窮乏の中、余剰な茶を大量にかかえて、東インド会社は一七七三年に議会に対して、入植者たちは関税のかけられたイギリスの品物を買うことはもはやない、植民地の茶商業はオランダ人に吸収されつつある、と苦情を言い立てた。偉大な東インド会社を救うためには、英国の輸出商人と植民地の輸入業者の権利をイギリスが手放すべき時が来たのだと、彼らは示唆していた。彼らの解決策は、他のイギリスの輸出商人が支払わなければならない関税から解放されて、彼らが独力でアメリカに茶を輸出することを許可してもらうこと、そして少額のアメリカの関税を支払ってアメリカで独自の代理人を通じて茶を売ることを許可してもらうことであった。入植商人はアメリカ関税を、原理的な問題として支払い拒否していたのだ。この機転の利いた方法によって、二人の仲買人の事業と利益が廃止され、オランダの干渉者たちは当惑し、茶の密輸がやみ、入植者はイギリスの家庭よりも安い値段で茶を手に入れることができるようになるはずだった。

議会はこの案を許可し、賽は投げられた。おそらく、植民地の輸入業者もイギリスの輸出商人も同じくらい憤慨していたことだろう。

植民地の商人は、自由思想と自由貿易を支持する個人であり、独占の匂いがするすべてのものを嫌悪していた。彼らの活力は、彼らがいつも信頼してきた政府と世界最大の独占との間での最もいかがわしい結びつきによって失われようとしていた。まさに戦闘すべき状況であった。

東インド会社は自ら調整した後、少額のアメリカ関税を支払うと、ボストン、ニューヨーク、フィラデルフィア、チャールストンで委託された茶を受け取る特別の代理人を任命することによって、自らの計画を実行した。

茶税法とそれに先立つ様々な処置に反対するアメリカ人の怒りが、すでに明確な形を成してきていた。いくつかの入植地での集会が抗議の決議を採択しており、それらは多数の請願とともにイギリスに送られたのだが、ことごとく無視されるか、即座に拒絶された。アメリカの港では、「自由の息子たち」と自ら称する様々な種類の組織が会合やデモを行った。あちこちの入植地で植民してきた女性たちの多くのグループが、自ら茶を飲まないと誓うようになった。ボストンの女性五百人がこのような誓いをたてた。ハートフォードやその他の多くのアメリカの町や村で女性たちが同様の行動を起こしたことが記録に残っている。一般にこのような合意は、イギリス商品に反対する輸入拒否運動を支持するものであったが、特に茶税法が通過した後は茶に反対する運動が高まった。マサチューセッツ植民地の中には、医療目的であっても、許可なく茶を購入することができなくなったところもある。

一七七三年に、東インド会社の茶の委託は、ボストン、ニューポート、ニューヨーク、フィラデルフィア、チャールストンの五カ所に向けた契約船で許可された。結果として、有名なボストン茶会事件だけでなく、他に六ヶ所でも同様のことが起こった。

植民地の中でも最も大きなフィラデルフィアは母国政府の案に対する抵抗を率先して行っており、不満はニューヨークにもすぐに広まったが、最初に行動を起こしたのはボストンだった。一七七三年十二月十六日、ボストンの市民たちがインディアンに変装して、ボストンで委託されていた三百四十二箱の茶をすべてボストン港に投げ捨てた。

一七七三年十二月二十六日、フィラデルフィアに向かっていた茶を積んだ船が、港が見えるところに停止し、焼き討ちにあう恐れがあったためロンドンに送り返された。

チャールストンの茶積載船が最初にその積み荷を下ろしたのは、一七七三年十二月初頭のことだった。しかしその際、関税は支払っていなかった。すぐに、関税徴収官が茶を押収し、それをじめじめした地下室に置いておいたため、ほどなく腐ってしまった。

一七七四年四月、二隻の茶を積んだ船がニューヨーク港に到着した。小さい方の船に積んであった一般船荷の中の十八箱の茶が、港に投げ捨てられた。大きい方の船は、茶を満載していたが、ロンドンに戻ることで難を逃れた。

一七七四年八月、茶を含む一般船荷を積んでアナポリスに向かっていた船が、イギリスに送り返された。同年十月には、ペギー・スチュワート号が二千ポンドの茶を積んでアナ

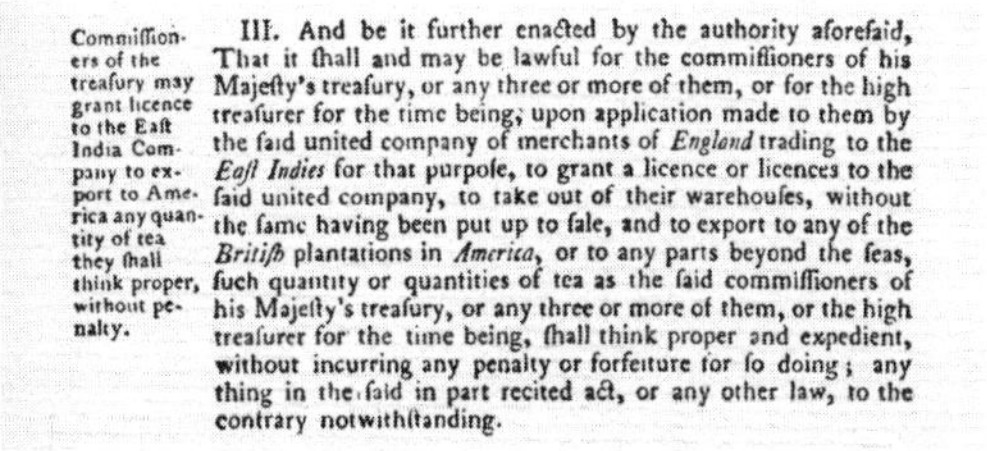
Commiſſioners of the treaſury may grant licence to the Eaſt India Company to export to America any quantity of tea they ſhall think proper, without penalty.

III. And be it further enacted by the authority aforeſaid, That it ſhall and may be lawful for the commiſſioners of his Majeſty's treaſury, or any three or more of them, or for the high treaſurer for the time being, upon application made to them by the ſaid united company of merchants of *England* trading to the *Eaſt Indies* for that purpoſe, to grant a licence or licences to the ſaid united company, to take out of their warehouſes, without the ſame having been put up to ſale, and to export to any of the *Britiſh* plantations in *America*, or to any parts beyond the ſeas, ſuch quantity or quantities of tea as the ſaid commiſſioners of his Majeſty's treaſury, or any three or more of them, or the high treaſurer for the time being, ſhall think proper and expedient, without incurring any penalty or forfeiture for ſo doing; any thing in the ſaid in part recited act, or any other law, to the contrary notwithſtanding.

1773年に可決された「茶条例」の一部

1773年12月16日、ボストン茶会事件

ポリスに到着したが、十月十九日に停泊中に焼き払われた。たいまつで火を放ったのは、その船の所有者だった。

この事件の六日後、ノース・カロライナ州エデントンの五十一人の愛国婦人が、茶を含む全てのイギリス商品をボイコットすると宣言する決議を採択した。

一七七四年十一月一日には、ブリタニカ・ボール号が八箱の茶を積んでチャールストンに到着した。その船主たちは、茶箱を公衆の前でこじあけ、船から海に投げ捨てた。

一七七四年十二月二十二日には、ニュー・ジャージー州グリニッジの入植者たちが、やはりインディアンに変装して、そこに保管されていた大量の委託茶を焼き払った。

アメリカの入植者たちは、数々の茶会事件を通じて、茶税の執行に反対する決意を示していたが、母国政府は同じくらい決然とした姿勢でアメリカに反対する方策を実施しようとしていた。

1773年12月17日、茶に関する政策に対するニューヨークでの抗議集会
［W.H.Ukers『All About Tea』1935より］

イギリスの「国民」は、アメリカ独立戦争とほとんど関係がなかった。ミシガン大学の元学部長アルヴォード氏による機知に富んだ調査分析によると、その直接の原因は、イギリスの商人にもアメリ

カの商人にも等しく不評だった茶独占を永続させようとする試みにあった。そのため、イギリスは東インド会社に恩恵を施していた帝国を失った。

このようにして、大砲の破裂音と小銃射撃の轟音の中で、大共和国が誕生した。それはすぐに世界で最も豊かな消費大国となるのだが、誕生当初から茶に関しては嫌気がさした国となったのである。

ウィリアム・ダニエル《ヨーロッパ諸国の工場が建ち並ぶ広東の眺め》18世紀
ロンドン国立海洋博物館蔵

第4章

クリッパー船の時代

イギリス東インド会社の独占貿易

茶とコーヒー両者の発展は船と海運の発達と結びついているが、詩と小説と、茶の大冒険は、東インド会社の貿易船とクリッパー船が七つの海を渡っていた栄光の日々ともっと明確に関連している。

イギリス東インド会社が茶のことを考えるようになる前、イギリス人はほとんどコーヒーを飲んでいた。興味深いことだが、アメリカが当初茶愛飲家の国になったのに結局は茶をボイコットしてコーヒーを飲むようになったのと全く同じように、イギリスはその歴史上かつては主としてコーヒー消費国であったにもかかわらず、実際世界最大の茶消費国となったのである。人手と船が茶をもたらしたのであるが、中でもとりわけ古い東インド会社の紋章に名誉を与えていた船が際立っていた。それは「青空に映える三隻の船」と彼らが呼んでいたものである。それらは、その後に続く時代に活躍した優雅な白い翼艙のティー・クリッパー船であった。

イギリスで最初のコーヒー・ハウスが開業してから五十年もたたないうちに、コーヒー・ハウスはロンドン市だけで二千軒にのぼっていた。しかし、十七世紀末には東インド会社がコーヒーよりも茶にはるかに興味を持っていた。「アラビアの小さな茶色い粒（コーヒー豆）」ではフランス人とオランダ人に敗北したため、東インド会社は茶の宣伝に活発に励んだ。その宣伝によれば、一七〇〇年から一七一〇年の間の年間茶輸入量は平均で八十万ポンドであったが、一七二一年には百万ポンド以上の茶が持ち込まれた。さらに一七五七年には四百万ポンドあまりになっていた。そしてコーヒー・ハウスがついに屈服すると、コーヒーではなく茶がイギリス人の国民的飲み物として確固たる地位を築いた。

イギリス東インド会社は胡椒のために生まれたとしばしば言われているが、その会社が驚くほど発展したのは、茶のおかげである。極東地域に冒険に出た初期に中国に到達し、そこの茶が後にインドを統治する手段を提供することになったのである。

その繁栄の最盛期に、ジョン会社、またの名を「名誉ある東インド会社」は、中国との茶貿易を独占し続け、茶の供給を管理し、イギリスへ輸入される量を制限し、茶の値段を決めていた。世界最大の茶独占だっただけでなく、イギリスで初めて特定の飲み物を宣伝するという着想の源ともなった。その会社は非常に強い力をもっており、イギリスでの健康革命を早め、コーヒーを飲む国から茶を飲む国へとイギリス国民を変えた。しかも、ほんの数年の間にそれらすべてが起こったのである。ジョン会社は、あちこちの国や帝国の手強い敵となった。領土を獲得し、貨幣を作り、要塞と軍隊を指揮し、同盟関係を築き、戦争であれ平和であれ生み出すことができ、民事と刑事両方の裁判権を行使する、といった権力をもっていたのだ。

イギリス東インド会社は、一六〇〇年末に設立された。一六〇一年、ジェームズ・ランカスター船長はこの会社のための最初の名高い航海に出た。そしてジャワのバンタムに工場を設立した。オランダ人はイギリスよりも四年早くインド諸島に到達していたが、オランダ東インド会社が設立されたのは一六〇二年のことであった。お互い競争相手であった十六の東インド会社があり、それぞれオランダ、フランス、デンマーク、オーストリア、スウェーデン、スペイン、プロイセンに起源をもっていた。そしてヨーロッパ大陸で様々な時期に経営していた。しかし、それらのどれも、イギリス東インド会社が占めていたほどの重要な地位に到達することはできなかった。

最初東洋との貿易はレヴァント社の手中にあった。レヴァント社は小アジア経由の陸路でインドと貿易を行っており、それによって巨額の利益をあげた。喜望峰をまわって東洋に行く海路が開かれると、レヴァント社の一定の社員はその利点をまっさきに理解した。

そのため一五九九年に、レヴァント社の多数のメンバーが集まって、東洋への海路を開発する可能性について議論した。というのは、ポルトガル人とオランダ人がその時までに実にしっかりとした足場を固めていたため、早急に何か手を打たなければ、機会は二度と戻ってこないだろうとレヴァント社の人々は感じていたからだ。エリザベス女王への請願が出されたが、一六〇〇年の末日までそれは認められなかった。一六〇〇年末になってようやく、この紳士たちに、十五年間のインド貿易独占権が与えられた。これは、それ自体価値あることだったが、さらに、最初の四回の航海では輸出税が免除されたことと、通常は禁止されていたその領土の貨幣を持ち出すことが許されたことは、特に値打ちが高かった。レヴァント社は、内規を作ること、あらゆる種類の商品を関税非課税で輸出すること、外国の貨幣と金塊を輸出すること、そして罰金を課すことの権限を与えられ、さらにその他の大きな財政的利益のある特権を多数与えられた。レヴァント社は最初から、西半球のホーン岬と東半球の喜望峰との間で、貿易や発見によって見いだされるあらゆる財産を、実質的に独占することができたのである。その許可証は、東インド諸島と貿易する独占的権利を授けるものであった。認可を受けていないもぐりの業者は、船と積み荷が没収された。

最初、東インド会社の船団は、主に香辛料の交易を行っていた。最初の東インド貿易船は、一六三七年にはるか広東まで進んでいった。しかし茶はこの開拓者たちには魅力がなかったように見受けられる。中国と日本でイギリス人が早くも一六一五年には茶を飲んでいたのだが、母国には全く持ち帰らなかったのだ。

この時代の東インド貿易船は、当時の平均的な商船よりもわずかに優れていたが、違いはそう大きかったわけではない。大きさに関しては、大して人目を引くものではなく、大多数は積載量が四百九十九トンであった。この理由は、五百トン以上の船は牧師を乗せていなければならないという法律があったからだ。取締役会は、使用人たちに気前よく給料を払うことや、自分たち自身だけでなく親類のためにも裕福な仕事を見つけることはいとわなかったが、必要以上に家族から金が出て行くことには断じて応じなかった。

茶の最初の直接委託は、百ポンドにいくぶん足らないいくらいだった。しかしすぐにそれは普及し、大量の茶が東インド貿易船で運ばれた。これらの船は、良質の茶しか運ばなかった。今日払われている注意と当時の彼らの航海の条件を比較すると、「最高品質」が何を意味するかは疑わしいが。

オランダとオステンドでは、より安い種類の茶を大量に輸入していた。そして彼らの輸入品の大部分は、すぐにイギリスへと密輸されていき、はるかに安い値段で売られた。同時に、役人と船乗りたち自身、密輸に手をそめがちだった。かなり後になって税務署の服務規程が定められ、東インド貿易船がダウンズに錨を下ろすとすぐに、可能な限りの監視船がすべて駆けつけ、東洋で私企業の事業として購入した茶をその船の役人や船乗りが荷揚げしないように見張るよう命じられた。

東インド会社は十八世紀初頭から中国と交易をしていたが、その契約は一七七三年に徹底的に改訂され、インドだけでなく中国とイギリスとの貿易も東インド会社が独占するようになった。この定期運行の拡張は、大きな間接的効果をもたらした。というのは、東インド会社はボンベイに所有していたような船渠施設を東洋には持っていなかったからだ。より長い航海のためには、さらに大きく優れた船を建造する必要が出てきた。しかし船の建造も運行も、非常に金がかかる事業であった。東インド会社は、多少注意深く経営すれば容易に得られたであろう収益の三分の二程度しか利益をあげられなかったと試算されている。

インドへの航海は十分長いものだったが、さらに中国へと不必要に延長された。船を走らせても、以前なら期待できたほどの効果が全く得られなかっただけでなく、積み荷を待って中国の水域に長期間とどまっていなければならなかった。その遅れはあまりに長かったため、船の装備を一度完全に解いて、再び航海に出ることになると再装備する、というのがならわしとなった。

この時代を通じて東インド会社は、個人商人の集まった法人以外の何物でもなかった。それは、エリザベス女王によって設立された時と全く変わっていない。一人一人の商人が利己的な目的を持っており、自分の利益を追求しようとしていた。役員会は、一定の規律を保つ役割を果たしていただけである。東インド会社が自らの船を所有したことは決してなく、船の管理者として知られていた個々の役員たちが長年にわたってそれぞれ船を提供していた。会社はそれらの船を何度も（六回というのが一般的だったが）航海に使い、会社の規則に従わせていた。

このように会社のために船を契約貸切する特権はしだいに、役員たち自身の手から離れていった。しかし、会社を緊密な集団として保つための努力は懸命になされた。実際、知られていない人物が自分の船を受け入れてもらうことは、非常に困難だった。

船の所有者が、船を提供するという申し出が受け入れられた後に、船長にその特権を売るということはよくあった。時には、一万ポンドもの代金で売っていた。運送賃、豊富な給与と賃金、さらには東インド会社がある一定の商品を私的に売買し、五十トンを海外に運び二十トンを持ち帰るための許可を出すことで、そのような幹部は航海ごとに多額の財産を得ることができた。さらに船長はしばしば船尾側に乗客を乗せ、それによって一度の航海で一万ポンドの利益を見返りに得ることも珍しくなかった。

この習慣がしばらく続いた時、インド貿易船の指揮はほとんど世襲となった。役員会が介入して、海上である一定の時間を経験することを要求するまでは、一度も海に出たことがないかろうじて十代を過ぎたばかりの男たちが船の指揮をとっていたのだ。

インドへの運賃は様々で、主にその会社の便に乗っている人の階級によっていた。というのは、その会社の制服を着ていない旅行者はほとんどいなかったからだ。高位の役人は二百五十ポンドでも支払っただろうが、任命されたばかりの中尉なら百ポンドいくかいかないかだっただろう。

食料とワインは気前よく供給されたが、かなり奇妙なことに、会社は船室の設備を整えることを拒否していた。航海を予約した後最初にすべきことは、航海に必要な家具を専門に製造している川岸の会社から家具を買うことだった。船長や乗務員たちは、航海の終わりにこの家具を二束三文で買い、帰国する旅行者たちに売って大きな利益を得ていた。

十七世紀に茶の密輸があまりに大きな問題となったため、ヨーロッパのどの港からもイギリスに輸入することを禁じる法案が通った。後にこれらの法案は、東インド会社の供給量が需要に満たない時にはきまって（そのような事態はよく起きていたのであるが）、許可書を出すことによって修正しなければならなかった。しかしこうしたことにもかかわらず、東インド会社は他の誰よりも多くの茶を中国から持ち出していた。一七六六年にイギリス東インド会社が運んだ量は六百万ポンドであったが、オランダ東インド会社は四百五十万ポンドで、他に三百万ポンド以上に達した会社はない。

イギリス東インド会社は、十八世紀半ばには不振になり始めた。一七七二年には、会社が借りていた寄付を免除してもらい、さらに百万ポンド貸してくれるよう知事に頼まなければならなかった。これらの恩恵は認められた。しかし同時に、関係当局はインド法を制定し、それによってさらに経済的な経営が強いられた。そのすぐ後に、東インド会社は茶を保税倉庫に留め置いておきそれを取り出す時に関税を支払えばよいという特権が認められた。これは貿易に大きな違いをもたらした。というのは、それにより年間を通じて均等に売り上げを分散させることができるようになったからだ。ただし、当時イギリスで飲まれていた茶の三分の一しか関税が支払われておらず、残りはすべて密輸されたものだったと見積もられているが。

最初、茶は中国からしか手に入れることができなかった。それは非常に貴重なもので、「世界の宝」であった。イギリス人は、その商業的側面を理解するのが遅かったように思われる。オランダ人は、茶の導入とヨーロッパ大陸での販売を促進することに忙しく、また茶をロンドンのコーヒー・ハウス経営者に売っていたのだが、イギリス東インド会社の代理人たちは、直接輸入した品物を提供するという機会には全く無頓着だった。

もちろん、彼らがぐずぐずしていたのにはもっともな理由があった。最も主要な理由は、極東地域におけるオランダの優位であった。そのため、ウィッカム氏が「茶」を一杯求めた有名な個人的要求から五十年近くたった一六六四年になってようやく、イギリス東インド会社の記録に茶への言及が見られる。それも、「東インド会社に完全に無視されていないと思わせる」ために、国王に贈呈する「よい茶」を役員会が二ポンド二オンスばかり購入したと記されているだけである。チャールズ二世はその贈り物を即座に王妃であるブラガンサのキャサリンに与えたと、いくつかの出典には述べられている。

一六六六年、大臣から国王に送られたいくつかの「珍品」の中に、一ポンドあたり五十シリングで購入した茶二十二ポンド十二オンスがあり、「国王に仕える長官二名のために、茶を六ポンド十五シリングで」と記録に残っている。

その間、東インド会社の使用人たちはしばしば雇い主に対して、「tay」と呼ばれる芳香植物の浸出液を飲む中国人の習慣について報告していたようだ。しかし雇い主たちは、東洋人に縫製用絹と引き替えにイギリスの布地を売るという考えの方にとらわれており、王立取引所でのすべての交易を茶が支配するようになるような未来を思い描くことは全くできなかった。東インド会社で茶を輸入するための最初の指令がジャワ島バンタムの代理人に届いたのは、一六六八年のことだった。それによれば、「手に入れることのできる最高の茶を百ポンド、国に送ること」を命じていた。

イギリス東インド会社の最初の茶輸入は、翌一六六九年のことで、百四十三ポンド八オンスの茶二缶がバンタムから届いた。続いて一六七〇年には、七十九ポンド六オンスの茶四壺が届けられた。この二回の航海では結局百三十二ポンドが傷んでいて、東インド会社は一ポンドあたり三シリング二ペンスで売った。残りは役員会が消費した。

その後、茶は一六七三年から七七年を除いて毎年、バンタム、スラト、ガンジャム、マドラスから輸入された。バンタムから二百六十六ポンドを輸入した時のことは、「台湾からの贈り物の一部」であったと記録されている。しかし一般には、東インド会社の仲買人がバンタムで取引している中国のジャンク船から買い、またスラトではマカオからゴアとダマンへ商売で向かうポルトガル船から買った。これより近いところでは、中国貿易にまで手を伸ばすことはできなかった。

一六七八年にイギリス東インド会社のバンタムからの茶輸入量があまりに多くなったため、ロンドン市場は供給過剰になった。二年後、ロンドンで茶は一ポンドあたり三十シリングで売られていた。アメリカの植民地では最も安い品質のものでも一ポンド五ドルから六ドルだった。

一六八一年、イギリス東インド会社はバンタム在駐の代理人に対して、「毎年千ドルに値する茶」を送るよう継続注文を出した。

一六八四年にオランダ人によってジャワから追い出されたため、イギリス東インド会社は「聖なる香草」の供給を求めて他の場所へ移らざるを得なかった。厦門《アモイ》からの最初の直接の船荷は、一六八九年にロンドンに届いた。一七一五年になってようやく、緑茶がイギリス人たちの好みをとらえたようだ。それまで茶と言えばウーイー茶、つまり原生の武夷茶が育った中国南部の有名な丘からとれた紅茶であった。

十七世紀末には、金になる極東貿易で分け前を得ようとするすさまじい争奪に、多数の子会社が参加していた。

東インド会社に商売という巨大な脅威を作り出したため、政府は財政管理の計算をその会社にさせる手段と方法を考案するのが困難になった。最初の百年は、王室の財源を補充するために狡猾に考案された一連の税が際立っていた。東洋と貿易を行っている紳士的投機家たちに課せられたこれらの税は、西欧が茶に対して支払うことになる価格の一部となるわけだが、その後およそ二百五十年にわたって、イギリスの商人と茶愛好家を悩ませいらだたせ続けた。その税は一九二九年に廃止されたが、その三年後には再び復活した。

当初、半民間の投機家たちは、親会社よりも大きな利益をしばしば実現していた。その結果、いくつかの会社が特権に守られて営業するようになり、それが逆に民間投機家によって悩まされることになる。一六九八年に、もぐりの商人が新しい東インド会社を設立し、それが議会に承認された。最終的な解決は、一七〇八年に、異なる利害をもった人々を「東インド諸島との交易にたずさわるイギリス商人の連合会社」という形で統合した。

ひとたび中国での地位を確立すると、東インド会社はその独占を二世紀近くにわたって守った。イギリス国民は東インド会社の許可なく広東に上陸することを許されなかったし、イギリスの船は認可状なしに貿易を許されなかった。

東インド会社は、一七一三年に広東で荷物を積む際にロイヤル・ブリッセ号に対する指示の中で、茶を「通常のようにおけの中ではなく、箱の中に」入れるよう命じた。六十年後、インディアンに変装して茶箱を海に投げ捨てたボストンの市民たちは、桶や壺よりも箱の方がずっと扱いやすいことに気付くことになる。

一七一八年までに茶は、絹に代わって中国貿易の最も主要な商品となった。一七二一年に、運命が西欧で劇的なドラマのお膳立てを始めた。ロバート・ウォルポール卿の内閣で、茶の輸入関税が撤廃され、それに代わって保税倉庫からの引き出しに対して物品税が導入された。

この政策変更に続いて、ヨーロッパ全域からの茶の輸入を禁じる命令が出された。これによって、東インド会社の独占が完結した。そして一七二五年までに、茶は東インド会社の保護の下にイギリスであまりに神聖なものとなり、粗悪品は押収と百ポンドの罰金という罰を受けるものとなった。そしてさらなる罰が一七三〇～三一年に付加された。不純な茶を扱っていた業者の所有者は、一ポンドあたり十ポンドの罰金が課せられ、一七六六年には禁固刑まで加えられた。

一七三九年、茶はオランダに向かうオランダ東インド会社の船が運んでいたすべての船荷の中で、最も価値が高いものとなった。イギリスとアメリカへの密輸は増加していた。イギリス東インド会社の独占によって、それ以外の者たちの干渉を招くことは避けられなかったのだ。十年後、ロンドンはアイルランドとアメリカへ中継する茶の自由貿易港となった。

予想されていた通り、東インド会社はアメリカ独立戦争をも生き延び、財政的困難も切り抜けた。そして、粗悪品を撲滅し密輸を打ち負かすために作られた合衆国の法律を助けとして、創立から二世紀目にはそれまで以上に強力になった。

一七八四年の交換法は、約百十九パーセントにものぼっていた既存の関税を撤廃し、東インド会社の四半期の茶の売り上げから得られる売上げ価格に対して十二・五パーセントの関税をかけた。これには一定の制約によって制限が設けられていた。つまり、「会社は、この法律が彼らの手に与えている真の茶独占を利用してはならない」とのことだった。だが、この想定上の保護にもかかわらず、この会社の横暴な手法に対して、三万にのぼるロンドンの茶卸商と小売り商人たちによる反乱が起きた。

こうした一般大衆の抗議のパンフレットと集会が、十八世紀末近くに、この会社に対立する世間の意見を鼓舞するために用いられた。ここでも、特別な恩恵に反対してイギリス国民が戦いを挑んでいたのである。

この扇動によって、政府は東インド会社に対して、その独占を終結させる場合には法律で求められている三年前の予告を出すことを強いられた。この時点でその目的は果たされなかったが、一八一二年の次なる攻撃への道を準備した。役員たちは「議会の知恵と国全体の良識」に頼って、これらの「会社のシステムに対する性急で暴力的な改革」には抵抗した。彼らはさらに、開かれた「競争は公共の利益に破壊をもたらすだろう。茶の価格は高くなるだろう」と主張した。
一七七三年当時のアメリカの茶商人は、しかしながら、独占に対処するための危険な先例を既に作っていた。というのは、アメリカ独立戦争を戦い勝利したのは、自由貿易という理想に世論を集めたことによるからである。今やこの若い国とのもう一つの戦争が勃発しようとしていた。

イギリスの茶商人は、東インド会社に対して新たな災難をもたらすことでアメリカ人を支援し扇動することは大歓迎だった。彼らは一八一二年の戦争を恩恵と見ていた。東インド会社は追い詰められていた。バッキンガムシャーの伯爵が逃げ口上の返事をした時に、彼らは「社会の方向性を決める力をもっている民衆の大騒ぎと毛嫌いの波」に対して反抗した。しかし、この残忍な態度も、打撃をそらすことはできなかった。一八一三年に、東インド会社のインドでの独占は終結を迎えた。ただし、中国での独占は、その後さらに二十年間続けることが許された。

アメリカ植民者に対する東インド会社の態度が、最終的な破滅の大きな原因だったことは疑いない。結局のところ、植民者たちはイギリス人であり、母国での仲間の同国人の多くが彼らの願望に共鳴していた。

東インド会社がインドでの茶栽培を真剣に考えることについて、自分たちに唯一残された独占である中国貿易に対する影響を恐れて拒んだ直後の一八二三年に、アッサムで自生の茶が発見された。十年後、東インド会社は再び特権の継続に反対する同様の嫉妬に満ちた抗議に直面した。そして一八三三四年、交易の独占を完全に廃止するよう求める騒動に屈することを余儀なくされた。

その間、中国の茶はインドを統治する手段を提供していた。もしくは、「茶の輸出と阿片の輸入を」と言った方が公正かもしれない。というのは、東インド会社はもともと、阿片の栽培、輸送、中国への流通を組織しそれに資金提供していたのだ。よく知られているとおり、中国とイギリスの間で一八四〇年と一八五五年に起こった戦争の原因となったのは、主に阿片の売買だったのである。

英国下院でマコーレーが東インド会社について述べた言葉を使えば「大西洋の島からきた一握りの投機家たち」にもたらされた利益は、「彼らの生まれた場所から地球半周分離れたところにある広大な国の支配」を可能にした。そのため、インド人の暴動によって一八五八年八月二日にインド統治が王に委譲されるまで、東インド会社はインドで統治機能を継続することを許された。二百五十八年にわたる栄華を極めた冒険の後に、最大の独占は終わりを迎えた。

レドンホール通りにある東インド会社の建物、1826年頃
［W.H.Ukers『All About Tea』1935より］

フィルポット通りにあったトーマス・スマイズ氏の家は、その地の初代知事公邸だった邸宅であるが、そこで帝国の運命を形作ることになるビジネスが始まった。東インド会社は後にいくつかの拠点を持つことになるが、それらの全てが歴史的建造物となっている。東インド会社最後の建物となった三番目のものは、レドンホール通りにあり、一七九六〜九九年にリチャード・ジャップの計画にもとづいて再建されたが、これはロンドンの名所の一つである。そこには、有名な競売場があった。

東インド会社は、倉庫・卸売りに四千人近くの人を雇っていた。インド貿易が終わる前には、世界中で最大の茶の取引を処理するために四百人以上の事務員を雇っていた。

その会社の軍部は、インド軍の新兵募集と物資供給を管理していた。また、運送部、熟練随行員事務所、監査役事務所、検査官事務所、会計士事務所、為替事務所、そして財務局があった。購買事務所は、十四カ所の倉庫を統括しており、母国の市場を制御していた。しばしば五千万ポンドあまりの重量の茶を在庫に持っていたし、年一回の茶特売では一日で百二十万ポンドを売ったこともある。この特売は、「見せ物小屋のような情景」だったと記述されている。

この会社の風変わりで古風な保守主義は、役員たちが手紙に署名する時に「あなたの忠実な友」と記す習慣から推察することができる。これは、会社と使用人との間に存在するすばらしい関係の証拠だと指摘されてきた。しかし、しばしば起こるように、訓戒や辛辣な譴責《けんせき》の手紙をこの挨拶で締めくくった時には、受け手は慇懃無礼な型どおりのうわべだけのそぶりだと感じただろう。

多くの成功した商業事業の指導者たちと同様、東インド会社の役員たちはその成功を、自分たちよりも賢い人たちを周囲に配置する能力のおかげだと考えていた。イギリスの偉人名簿の上位に名前を記されている人々の多くは、東インド会社の使用人の中に含まれていた。ジャワ、インド、中国、その他の海外の支社で会社に仕えていた将軍や船長たちの他に、東インド会社は母国でも当時の才気あふれる多くの人々を引き抜いていた。

こうした人々のうちの数人をあげてみると、次のようになる。東インド会社で会計士と監査役をしていた劇作家で翻訳家のジョン・フール（一七二七〜一八〇三）。同じく劇作家のジェームズ・コッブ（一七五六〜一八一三）。人生の大部分を東インド会社の事務所で事務員として過ごした、詩人、随筆家、ユーモア作家、批評家で『イーリアの随筆』の著者チャールズ・ラム（一七七五〜一八三四）。東インド会社の検査部にいた、ジャーナリスト、形而上学者、歴史家、政治経済学者のジェームズ・ミル（一七七三〜一八三六）。彼の息子で、哲学者、政治経済学者のジョン・スチュワート・ミル（一八〇六〜七三）。風刺詩人で小説家のトーマス・ラブ・ピーコック（一七八五〜一八六六）。彼らほど知られてはいないが、傑出した著述家と聖職者は、まだたくさんいた。

東インド会社は、「先見の明と深い目的をもった人たちの会社」だった。マコーレーは一八三三年に議会に対して、十八世紀までこの会社が単なる商業組織だと考えていたのは誤りだと述べた。商売は確かにこの会社の目的であった。しかし、オランダやフランスのライバルと同様、この会社は政治的機能をも同時に目的としていた。最初は偉大な商売人であり狭量な王子であった。しかしのちに、偉大な名士でインド全土の君主となった。

東インド会社の受賞者一覧には、大政治家の感情と能力をもった多くの商人の名前が含まれている。「東インド会社は、世界にその足跡を残してきた」とアルフレッド・ライアル卿は一八九〇年に述べている。「東インド会社は、人類の全歴史の中で他のどの貿易会社も試みなかったような仕事、そして今後も試みる会社はないだろうと確実に思われるような仕事を成し遂げた」とタイムズ紙は一八七三年に記している。

一八五八年にジョン・スチュワート・ミルが書いた議会への決別の請願の中で、東インド会社が国に対してしっかりと記憶にとどめておくよう喚起していたことは、東洋における大英帝国の基盤が「あなたの請願者が、当時議会によって援助も管理も受けずに築いたものです。それも、議会の管理下の一連の統治によって、大英帝国の栄誉が大西洋の向こう側でもう一つの大帝国に敗れることになったのと同じ時期にです。」

このことばは雄弁で説得力がある。しかし、それにもかかわらずむなしくひびく。そこには悲哀もあった。というのは、東インド会社が西ローマ帝国の敗北に責任があるはずがないということを証言すること、もし責任があったとしても、イギリスの東洋大帝国を獲得することができたのは東インド会社が自らを犠牲にしたおかげであることを忘れないこと、一世紀にわたってインド領土を統治しその領地の資源を守ってきたのにイギリスの国庫には全く費用の負担をかけなかったことを忘れないように、後世の人々に求めているように思われた。

東インド会社の独占が廃止された後、茶貿易が重要性を増すにつれて、商人たちは茶の時期になるたびにその季節の茶をもっと速く輸送するよう要求し始めた。速度が遅く高慢な東インド船は、時代遅れになってきた。これらの木造帆船は、冗談まじりに「茶馬車」と呼ばれていた。

アメリカの参入

アメリカ革命に先立つ闘争の間、茶はアメリカ貿易から締め出されたが、戦争が終わるとすぐに、それまで見られなかった二つの影響によって、アメリカで全く新たな茶貿易が確立される。一つは、オランダとイギリスからの植民者だった人たちの間で自然に受け継がれてきた茶への嗜好であった。もう一方は、アメリカと東洋の間で起こった新しい商売にたずさわっている船長たちがすぐに学んだように、茶は船荷をいっぱいにするのに十分な量を広東で手に入れられる唯一の商品だったという事実である。

ジョン・レッドヤードは、アメリカの中国貿易を構想した最初の人物であるが、毛皮を運んで茶、絹、香辛料と交換した。フィラデルフィアのロバート・モリスは、夢を可能にした最初の人物であった。彼は一七八四年に、夢を実現する目的で、中国の皇后に商品を提供した。この旅は大成功だった。

ピーター・シャーマーホーンとジョン・ヴァンダービルトは、別の冒険的事業で手助けした。毛皮貿易は、アメリカ本国で倒産した植民地が喉から手が出るほど必要としていた正貨を保っておくことを可能にした。

ジョン・ヤコブ・アスター（一七六三〜一八四八）は、中国との貿易に早くから参入し、二十五年以上たずさわり続けた。スティーヴン・ジラード（一七五〇〜一八三一）は、フィラデルフィア商人の中で中国貿易に傑出していた。アスターとジラードは、茶で一財産を築き、大富豪と見なされるようになった。ボストンのトーマス・ハンダシド・パーキンズ（一七六四〜一八五四）も同様である。彼らは、破産同然の国に力をつける商売関係を発展させたことに加えて、億万長者になったのである。

アメリカでは、一八一二年の戦争のためにボルティモアで作られた高速の私掠船を改良して、あるタイプのスクーナーが生み出された。それらは、ボルティモア・クリッパーとして知られるようになった。それはしばしばブリグとスクーナーとの合いの子ブリグとして装備されていたが、三本以上のマストを積んでいることは決してなかった。それに対して、クリッパー船の時代をもたらした搬送船は、三本マストだった。

一八一六年に横帆艤装の定期船を使った有名なブラック・ボール・ラインが、ニューヨークとリヴァプールで運行を始め、乗客と郵便と船荷を運んだ。競争は加熱し、一八二五年にエリー運河が開通すると、ニューヨークとニュー・イングランドの造船業者には七つの海を走る高速船の注文が押し寄せた。

一八三二年、ボルティモアの商人であるアイザック・マッキムは、中国貿易のために、高速のボルティモア・クリッパー船と同じような型の三本マストで完全装備の船を建造しようという考えを抱いた。その船は、フェルズ・ポイントのケナードとウィリアムソンによって作られ、所有者の妻の名をとってアン・マッキム号と名付けられた。彼の一種の趣味で、アン・マッキム号には最も高価なスペイン・マホガニーのハッチと真鍮の調度品が備えられた。その中には、十二門の真鍮製大砲も含まれていた。登録上は、四百九十三トンで、長さ百四十三フィート、幅は三十一フィートであった。この船は、中国航路で最も優れた最速の船の一つであったが、積載量は船の長さと必要な乗組員数に対して比較的小さかった。

アメリカで最初の大型クリッパー船アン・マッキム号、1832年
［W.H.Ukers『All About Tea』1935より］

一八三七年にアイザック・マッキムが死去すると、アン・マッキム号はニューヨークの先駆的茶商人であるハウランドとアスピンウォールが購入した。彼らはその後、最先端のアメリカ船クリッパーの一つであるレインボー号を導入した。後にアン・マッキム号は、チリ政府に売られた。アン・マッキム号は、中国貿易に最初に投入された時に、三十年代初頭の海運界の自己満足と懐疑の声にもかか

わらず、大評判となった。茶は急いで扱うのが最も良い船荷であるということが理解され始めた。それと同時に、商業旅行をする者は、時は金なりということもまた理解していた。したがって、有名なレインボー号を建造することによって、小さなアン・マッキム号よりもさらに良いものを作ろうとする動機は十分にあった。レインボー号に続いて、他のアメリカ船クリッパーが続々と建造されることになる。クリッパー船の君臨は、アメリカ商人の海運史の中で、最も夢のような一章となっている。

造船業における新時代のあけぼのとともに、素っ気ない大柄な船は、デザインを抜本的に変えた。古い伝統の「タラの頭とサバの尻尾」は、美しく優雅でスピードも速いものへと進化した。船首は曲線を描いて繰り出しており、舳先が水上に長く突き出ていた。船首と船尾の両方で凸状になる手前で喫水線は凹状にくぼんでいた。そして、マストは何段にも連なった帆を支えて空高く伸びていた。

一八四一年に、「灰色の瞳をもち、空想にふけったような眉毛をしている」ジョン・ウィリス・グリフィス（一八〇九～八二）は、造船会社スミス・アンド・ディモン社に製図工として雇われた。彼はその天才的才能で、最初の度を超えたクリッパー船のモデルを導入することによって海運科学と造船学に革命をもたらした。

グリフィスは一八四一年にクリッパー船を提唱し、一八四三年にレインボー号を設計した。レインボー号は、七百五十トンあり、ニューヨークにあるスミス・アンド・ディモンの工場から進水した。ある立会人は、レインボー号の船首は反り返っており、「この船全体の形は、自然の法則に反していた」と述べている。この船が浮くか沈むかということについて、意見が分かれていた。

しかし、レインボー号は全ての期待をはるかに凌駕した。中国への処女航海は、二月に船出し、九月にニューヨークに戻った。支払われた費用は四万五千ドルであり、また船主のハウランドとアスピンウォールは同額の利益を手にした。二度目の航海はあまりに速かったため、レインボー号が広東に到着したというニュースをレインボー号自身がニューヨークに持ち帰ったくらいだ。他の船が片道を行くよりも速く、レインボー号は往復した。行きは九十二日、帰りは八十八日しかかからなかったのだ。指揮官だったジョン・ラッド船長は、この船を世界一速い船と呼んだ。確かに、レインボー号は最も機敏な船の一つだった。レインボー号は五度目の航海で失われたが、その実績はクリッパー・タイプの船の優位性を証明したのだ。二隻目のレインボー号が現れるのは、南北戦争後のことであった。

グリフィスの二隻目のクリッパー「海の魔女」号は、ハウランドとアスピンウォールのために一八四六年に建造された八百九十トンの船であるが、海を航海する最も速い船だと三年間考えられていた。この船は、香港まで百四日で到着し、広東からニューヨークまで八十一日で戻った。後に、海の魔女号は、広東からニューヨークまでの航海をさらに四日短縮し、一日の航行で三百五十八マイルを記録した。後にもう一隻同じ名前の船が現れる。

アメリカ人は、自分たちの船を海外に送り始めるとすぐに、中国貿易の価値を認識し、何人かのニュー・イングランドの商人は中国貿易で財産を築いた。彼らの競争についてイギリス人はあまり深刻視しなかった。イギリス人は、数の上であまりにも優位に立っており、いつまでも安楽な利益が保証されているかのように見える独占に支えられていた。しかしながら、最初の中国戦争を終え、中国との貿易が大幅に増加した後、アメリカの商人たちは定期的にクリッパー船団を送り、中国での商売の大部分を手中におさめた。そのためイギリス人は、アメリカ人が先導する後を追って行くことを余儀なくされた。

その間、一八四四年には、ニューヨークの茶商会であるA・A・ロウ・アンド・ブラザー社が、ブラウン・アンド・ベル社と契約してホウカ号を建造させた。この船の名前は、広東の仲買商人を称えてつけられた。

一八四六年に、アバディーンのアレクサンダー・ホール社は、ジャーディーン・マシソン社が中国沿岸で阿片貿易をしていたアメリカのクリッパー船と競うためにクリッパー・スクーナーのトリントン号を作った。トリントン号は、二本マストのスクーナー船として装備されており、アメリカのクリッパー船とは多くの点で建造のしかたが異なっていた。この船が大成功をおさめたため、すぐにこの型の船が他にも続々と造られた。そしてこの建造方式は、イギリスへ茶を運ぶ船に広まっていった。イギリスとその植民地との間での貿易をイギリス船に限定していた航海法の廃止によって、アメリカの船も中国の茶を直接イギリスへ運ぶことができるようになった。そのため、この両国での競争はそれまでになく激しいものとなった。

一八四七年、A・A・ロウ・アンド・ブラザー社は、ブラウン・アンド・ベルが建造した九百四十トンのサミュエル・ラッセル号を投入した。これに対して、イギリスからは、ストーノウェイ号、トリントン号、そして後にはロード・オブ・ザ・アイルズ号が競争相手として立ちはだかった。ロード・オブ・ザ・アイルズ号は、最初の鉄製のティー・クリッパー船で、一八五五年に北東季節風の時期に上海からロンドンまで八十七日という驚異的なスピードで航海した。

イギリスのチャレンジャー号は、一八六三年に、他のどの国にも先駆けて漢口から茶を積み出した。トーマス・メイシー船長は、アメリカのタグボート、ファイアークラッカー号に対して、揚子江から漢口までチャレンジャー号を引いてもらうのに千ドルを支払った。メイシー船長の企ては危険な試みだと考えられていたが、十分に見合うものだった。そのため、彼を手本として、他の中国の船長たちもすぐに後に続いた。最大の困難は揚子江での航海だったが、商人たちはどのような不測の事態にも対処できるように兵器類を備えておかなければならなかった。バジル・ラボックは、チャレンジャー号によって川を上っていた二人の宣教師が中国の食人族に実際食べられたと発表した。メイシー船長は、一八六三年六月に千トンの茶を一トンあたり九ポンドで積み込み、母国まで百二十八日で帰航した。

A・A・ロウ・アンド・ブラザー社の船団には後に、N・B・パーマー号、グレート・リパブリック号、ヨコハマ号が加わった。ヨコハマ号については、こんな話がある。かつて日本で船荷を積んでいる時に、同時に荷を積んでいたスコットランドのコーラー・ウー号という船が二日先に出航した。

ヨコハマ号のベリー船長は、その時吹いていた南西季節風にさからってシナ海を進んでこのスコットランド船に追いつき追い抜くのはとても大変だろうと恐れ、ホーン岬をまわって長い道のりを行ってみようと決心した。彼は順風に恵まれ、ニューヨークに到着し、船荷を降ろし、次の荷物を積み、再び航海に出た。サンディ・フックで港から出たところで、彼はコーラー・ウー号が入港してくるのに出会った。これにはスコットランドの船長が驚愕した。

ディヴィド・ブラウン号は、ルーズヴェルト・アンド・ジョイス社が一八五三年に建造した見事な船で、サンフランシスコまで九十四日で航海した。ロマンス・オブ・ザ・シー号は、ボストンから二日後に出航したが、ブラジル沿岸でディヴィド・ブラウン号に追いついた。その二隻は相伴って航行し、最終的にゴールデン・ゲート・ブリッジを並んで通過した。船荷を下ろすと、二隻は再び一緒に、今度は香港に向けて船出した。彼らは四十五日間の航海の間互いに相見えることはなかったが、香港に同日、しかも六分と間をあけずに、錨を下ろした。ロマンス・オブ・ザ・シー号の航海記録によると、最上帆の上の軽横帆と補助横帆は香港に到着するまで一度も取り込まれなかったという。

ルーズヴェルト・アンド・ジョイス社が建造したベネファクター号は、小型帆船で、ホウカ号よりも百トン小さかった。この船は、日本からアメリカへ最初の茶を運んだ。

モーリー号は、六百トンのバーケンティン型クリッパー船で、米国海軍のモーリー大尉の名をとって命名されたが、南北戦争が勃発した時にモーリーが南部の側につくと、ベネファクター号と改名された。一八五六年、福州からロンドンに向けてモーリー号と鉄製のロード・オブ・ザ・アイルズ号は、ともにその年最初の荷として一トンあたり一ポンドという報奨金をかけて新茶を運んだ。ロード・オブ・ザ・アイルズ号の方が四日早く福州を出たのだが、モーリー号はロード・オブ・ザ・アイルズ号と同じ朝にダウンズに到着した。この二隻は、十分間だけ前後してグレーヴズエンドを通過した。しかし、ロード・オブ・ザ・アイルズ号の方が引いていたタグボートが速かったため、先に船着場に着き賞金を手に入れた。

中国貿易にたずさわっていた他のいくつかのニューヨークの会社も、自社の船を所有しており、自社便で荷物を運んだこともしばしばあった。こうした会社の中で特筆すべきものをいくつかあげると、まずグリンネル・ミンターン社がある。彼らの最も有名な船は、フライング・クラウド号、ノース・ウィンド号、シー・サーペント号、スウィープステイク号、ソヴリン・オブ・ザ・シー号である。また、グッドヒュー社はマンダリン号を所有していた。ハウランド・アンド・アスピンウォールは、最も大きな商家であるが、アン・マッキム号、ナチェズ号、レインボー号、シー・ウィッチ号を所有していた。N・L・アンド・G・グリスウォルド社は、ジョージ・グリスウォルド号、ヘレナ号、アリエル号、パナマ号、タロリンタ号、チャレンジ号を所有していた。

チャレンジ号は、一八五一年に建造された二千六トンの船で、二番目に大きなクリッパー船だった。トレード・ウィンド号は、ニューヨークのヤコブ・ベルによってフィラデルフィアのW・プラット・

アンド・サン社のために建造したもので、チャレンジ号よりも二十四トン上回っていた。チャレンジ号は初め、「暴れ者」ウォーターマンが指揮していた。彼の偉業は、航海作家に華やかな題材を提供したし、引退した船長たちに数多くの雑談の話題を提供した。チャレンジ号は「世界で最も華麗で最も金のかかる商船」として知られていたが、中国茶貿易で何年も働いた後、ブラジル沿岸で沈没した。

航海法が廃止されて最初に中国からロンドンへ茶の船荷を運んだアメリカ船は、一八四九年にヤコブ・ベルによってニューヨークのA・A・ロウ・アンド・ブラザー社のために建造された千三トンのクリッパー船オリエンタル号だった。その船の大きさは、長さ百八十五フィート、幅三十六フィートだった。東に向かって香港までの処女航海は、百九日を費やした。茶を積んでニューヨークまで戻るのには、八十一日だった。二度目の航海では、香港まで八十一日で行った。その後オリエンタル号は、ラッセル・アンド・カンパニー社に用船契約で雇われ、四十立方フィートの荷にして一トンあたり、六ポンドで茶をロンドンに運んだ。イギリスの船はロンドンへの船荷に対して、五十立方フィートの荷にして一トンあたりで、三ドル十シリングを要求していた時にである。オリエンタル号は一八五〇年に、香港から九十七日の航海の後、ロンドンで千六百トンの茶を引き渡した。この短時間での航海の偉業は、それまでに並ぶものが全くないほどのものだった。その最初の航海の運賃は七万ドルだったが、この一回の輸送での積み荷は四万八千ドルの価値だった。ニューヨークから極東の海を通ってロンドンまでの航海で、この船は六万七千マイル走ったのだが、一日百八十三マイルの速度だったことになる。

オリエンタル号に引き続いてロンドンまで向かったカリフォルニアの他のクリッパー船によって、イギリスの船主たちにロンドンでの茶貿易を完全にアメリカ船に譲ることを余儀なくされた。そうしたクリッパー船には、サプライズ号、ホワイト・スクオール号、シー・サーペント号、ナイチンゲール号、アルゴナート号、チャレンジ号があげられる。これらのアメリカ船クリッパーは、イギリスの船が求めていたよりも二倍のトンあたりの報酬を得ることができた。

イギリス航海法の廃止後に起こった競争は、有名な中国船クリッパーを生み出すことになる。そしてこの中国船クリッパーはその後、海のロマンスの中で常に生きながらえることになる。カリフォルニアで金が発見されたことによって、アメリカ人の注意はほとんど自国の海岸に向けられるようになった。彼らの船の中でほんの一部だけが、太平洋を経由して中国まで茶の積み荷を求めて渡るようになった。しかし、イギリスの運送会社は、アメリカ船に対してのものと同じくらい激烈な競争をお互いに対して行うようになった。

五〇年代と六〇年代を通じて、このタイプの船は改良を加えられ続けた。そしてこれらの船が、かつて東インド船がそうであったのと全く同じように、海の貴族となった。その年の新茶を最初にイギリスに運んだ船には、多額の割増金と通例巨額の賞金が支払われたため、それを狙う競争が年一回の大行事となった。茶を運ぶクリッパー船の黄金時代は、一八四三年に始まって一世代にわたって続き、一八六九年のスエズ運河開通で幕を閉じた。

一八五〇年のティー・クリッパー船スタッグ・ハウンド号の登場は、大評判をもたらし、その設計者であるドナルド・マッケイ（一八一〇～八〇）は一躍注目を浴びた。「ドナルド・マッケイはクリッパー船を発明したのではないが、それを有名にした人物である。最先端のクリッパー級の船を時代に先駆けて造ったことにより、アメリカの海運国としての名声に多大な貢献をもたらした」とリチャード・C・マッケイが述べている。海運業者は、スタッグ・ハウンド号によってクリッパー船のタイプがほぼ完成に至ったと認めていた。その船は千五百三十四トンで、当時建造されていた最大の商船であり、広東からニューヨークまで八十五日で走った。一八六一年、スタッグ・ハウンド号はペルナンブコの沖合で船火事によって失われた。

一八五一年、ドナルド・マッケイの二隻目の最新型クリッパー船であるフライング・クラウド号（千七百八十二トン）が進水した。この船はボストンのエノック・トレイン社のために建造されたものであったが、まだ建造中にニューヨークのグリンネル・ミンターン社に売られた。フライング・クラウド号はホーン岬をまわって八十九日と二十一時間でサンフランシスコに着いたが、その三年後にはさらに自らの記録を十三時間縮めた。この航行記録はそれ以後破られていない。フライング・クラウド号の進水に鼓舞されて、詩人ロングフェローが『船の建造』という詩を書いたと言われている。その詩の中の一節、「進み続けよ、アメリカよ、強く偉大な！」はよく引用されるものだ。この船は、ジョージ・フランシス・トレイン（一八二九～一九〇四）が命名した。彼は、アメリカの資本家で著述家であり、エノック・トレイン社の下級共同出資者だった。

初期のカリフォルニアのクリッパー船の多くと同様、フライング・クラウド号は持ち帰る船荷を得るために太平洋を渡って中国まで行かねばならなかった。この船はホノルルまで十二日で着いた。横帆と補助帆を使って一日で三百七十四マイルを走った。フライング・クラウド号はマカオで茶を積み、ニューヨークに九十六日で戻った。しかし、N・B・パーマー号はそれよりも十日早かった。ただし、後者は三日早く出発したのではあったが。後にフライング・クラウド号は、一八五二年のサンフランシスコでのレースでN・B・パーマー号を破って雪辱を果たす。他にも、ホーネット号やアーチャー号との息詰まる競争があった。その後一八五九年に売却され、フライング・クラウド号はロンドンと中国の間の競争に参入した。そして、福州からロンドンまで最初の茶の積み荷を百二十三日で運んだ。

ドナルド・マッケイはさらに、スタッフォードシャイア号とフライング・フィッシュ号を一八五一年に造った。この二隻はともに、最新型のカリフォルニア・クリッパー船だった。前者は一八五四年にセーブル岬沖で難破し、後者は一八五八年に茶を積んで福州から出てくるところで難破した。

ティー・レースの熱狂

イギリス人も、ティー・クリッパー船を熱心に造り始めた。その手始めは、一八五九年に建造された九百三十七トンの木造船、ファルコン号である。これは、グリーノックのロバート・スティール社がショー・マクストン社のために造ったものである。それに続く十年の間に、二十六隻もの木造クリッパー船と木と鉄で造られたクリッパー船がイギリスの造船所で建造された。そのうちの何隻かは有名になった。

八百八十トンの血火の十字架号（この名前をもつ二代目の船であるが）は、リヴァプールのチャロナー社で造られ、一八六〇年に進水した。所有者は、J・キャンベルである。その司令官ロビンソン船長は、「やっかいな中国の海に打ち勝つ屈強な男」として名高かった。この船は、六〇年代のわくわくするような茶運搬競争《ティー・レース》で四度勝利を収めた。競争に参加する時代が終わった時、この船はノルウェー人に売却されたが、その後、シアネスのメドウェイ川の入り江で、火事に遭い沈没した。

テーピン号は、グリーノックのロバート・スティール社が建造した船で、一八六三年に進水したのだが、血火の十字架号を破るために設計された。血火の十字架号は、一八六一～六二年に最初に帰港したことに対して、一トンあたり十シリングの賞金を得ていた。木造のセリカ号もまた、スティール社の造船所で造られたもので、同じく一八六三年に進水した。木造のセリカ号と、木と鉄で造られたテーピン号は、何度か激しい争いを繰り広げた。セリカ号は、福州からの血火の十字架号との最初のティー・レースで、幸運にも五日の差で勝利を収めた。それに対して、テーピン号が名声を顕わにしてきたのは、一八六六年のことであった。その年、テーピン号はグレート・ティー・レースに勝利を収めた。さらにそれに続く一八六七年と六八年にも連勝した。テーピン号は、厦門《アモイ》からニューヨークに向かう途中、ラッズ・リーフでついに難破した。六人の水夫を乗せた救命艇は、三日後に救出された。セリカ号は、一八六九年に難破した。

グリーノックのロバート・スティール社が建造した八百五十三トンのアリエル号は、一八六四年に進水し、ジョン・キエイ船長が指揮を執っていた。彼はそれ以前に、エレン・ロジャース号とファルコン号で航海して大成功をおさめていた。アリエル号は、今は亡きノーマン・コート号の船長だったアンドリュー・シュワン船長の意見によると、「理想的なティー・クリッパーで、風におされて水の上を走る最も速い船であった」。ラボックは「スティール社の造った妖精のような全てのクリッパー船と同様、アリエル号は扱いにくいあばずれ女で、熟練者でなければ乗りこなすことはできなかった」と述べ、ホーソーン・ダニエルも、著書『クリッパー船』の中で同意見を述べている。「アリエル号は、船尾があまりにもほっそりしており、順風の海で安全に航海するのが難しいほどだった。船首もまた鋭利で、悪天候の中では乗組員がほとんど溺れてしまうほどだった。しかしそれは、イギリスで建造された多くの船の欠点であり、またアメリカの船でもそのような欠点を持っている船は少なくなかった。これらの船を建造する際に、スピードが非常に重要なものと考えられていたため、耐航性はしばしばスピードを得るためにおろそかにされた。」

一八六六年のグレート・ティー・レースで、アリエル号はダウンズでは先頭だった。しかし、上げ潮になるのを待ってテムズ川で待機せねばならず、埠頭に着いたのはライバルのテーピン号よりも二十分遅かった。一八七二年に、アリエル号はロンドンからシドニーに向けて出航したが、その行方は二度と知れることはなかった。アリエルと命名された四隻の船のうち、ここで述べたものは一八六五年にイギリスで建造されたのだが、これが茶の歴史の中で唯一重要なものとなった。

有名なティー・クリッパー船サー・ランセロット号（八百八十六トン）は、美しいアリエル号の姉妹船で、アリエル号と同様にスティール社の造船所で一八六四年に進水した。サー・ランセロット号の船首像は、鎖帷子《くさりかたびら》の甲冑を身にまとった騎士で、彼の面頬は開いており、右手には剣を持っていた。この

1866年のグレート・ティー・レース

船は千五百トン弱の茶を積むことができ、著名なチャレンジャー号以降初めて漢口で茶を積んだ船となった。それは一八六六年のことで、ジャーディン・マテソン社が一トンあたり七ポンドの契約で借り切った。サー・ランセロット号は一八六八年のティー・レースで、福州からロンドンまで九十八日で航海し、三着となった。その際、三百五十四マイルという一日の航海記録も打ち立てた。サー・ランセロット号はその後、インド人商人に売却され、一八九五年にベンガル湾でサイクロンの中で沈没した。

サーモピレー号は、九百四十七トンで、アバディーンのウォーター・フッドによって建造され、一八六八年に進水したのだが、イギリスのティー・クリッパー船の中でも際立った進歩を画した。この船を設計したのはバーナード・ウェイマスで、彼がそれ以前に作ったティー・クリッパー船レアンダーは、スピードはあるが軟弱だった。サーモピレー号は、微風にも暴風にも立派に打ち勝つことができた。サーモピレー号を称して、シュワン船長は「ティー・クリッパー船の中で最高の万能船」と述

1866年のグレート・ティー・レースを告知するポスター、ロンドン国立海洋博物館蔵

べた。サーモピレー号は、荒天の中で緊急事態に耐えることのできた最初のイギリス船クリッパーだった。サーモピレー号は二度、ロンドンからメルボルンまでを六十三日で航海した。一八六九年には、福州からのティー・レースでサー・ランセロット号に三日の差で敗れた。サーモピレー号が積んだ最大の茶の荷物は、百四十二万九千ポンドあった。その後この船は、太平洋横断貿易業者に売却され、その後ポルトガル政府の手に渡り、最終的には一九〇七年にリスボン沖で沈没した。

サーモピレー号の好敵手は、カティーサーク号（九百六十三トン）である。この船はおそらく、全てのイギリス船ティー・クリッパーの中で最もよく知られているものだろう。カティーサーク号は、「オールド・ホワイトハット」として知られていたロンドンの船主であるジョン・ウィリス船長の命を受けて、サーモピレー号を打ち負かすためにハーキュリーズ・リントンが設計し、グリーノックのスコット社が建造した。この船は、一八六九年に進水し、一八七〇年から一八七七年まで茶を運んで数多くの航海をしたが、どれもセンセーショナルなものではなかった。その後、一連の放浪するような航海に出て、積み荷の届け先になっているところならどこへでも寄港した。カティーサーク号は、あらゆる種類の悲劇的事件とロマンティックな冒険がつきまとった後、ウッドゲット船長の指揮下に入ると、オーストラリアの羊毛貿易で威厳ある中年期を落ち着きの中で過ごした。この船もまた、後にポルトガルの旗の下で航海するようになり、再び奇妙な冒険を追い求め始めた。その冒険も終え、一九二二年にはイギリスに戻り、ファルマスで繋留訓練船として使われた。

残念なことに、サーモピレー号とカティーサーク号は、その力を正確に試す機会を得ることは一度もなかった。というのも、レースを手配することができた唯一の機会にカティーサーク号は、まず舵を失ってしまい、それに続いて装備していた応急舵も失ってしまったからである。しかしそれでも、カティーサーク号は競争相手よりもほんの数日しか遅れなかったのだから、もし何らトラブルがなければカティーサーク号が勝利を収めていたことにほとんど疑いの余地がない。

ブラックアダー号は、鉄製のクリッパー船で、中国貿易のために設計されたものであるが、一八七〇年の処女航海は、建造過程での欠陥のために、悲惨なものとなった。この船は、茶運搬業者から好意的な評価を得ることができず、しかも七〇年代、八〇年代を通じて、まったくしつこい不運につきまとわれたのだが、その後は、立派にやってのけた。しかしながら、この船も、その姉妹船のハロウィーン号も、建造されたのが遅すぎた。というのも、スエズ運河がほとんど出来上がり、リヴァプールの船主アルフレッド・ホルトが茶運搬を帆船から蒸気船に移行させる運動を先導していたのである。これ以後のクリッパー船が活躍する場は主に、オーストラリア貿易となった。

帆船の失墜は急速で劇的なものだった。一八六九年にスエズ運河が開通すると、古い大型帆船よりも蒸気船が優位に立った。アルフレッド・ホルトは、一隻の中古蒸気船でアフリカ西海岸への操業を開始していたのだが、好機を見てとると、すぐに高速と経済性の考えを実現に移そうとした。ほんの数年のうちに、彼のブルー・ファンネル定期船は、茶貿易の枠をとらえた。

他の会社もそれに続いたが、成功したものもあればそうでないものもあった。さらに数年間は帆船の闘いが続いたが、最良の帆船はしだいにオーストラリア貿易に流れていった。そこでは、金を追い求める人々と羊毛の積み荷が帆船に機会を与えてくれていたのだ。新しいシーズンの茶を持って帰港するまでの日数を競うレースは、終焉を迎えた。蒸気船の船主は、相対的なコストを注意深く考慮し、より大きな船荷の容量と定期的なスケジュールによって不当な危険を冒すことなく利益を生む商売を維持することができた。八〇年代初頭には、スターリング・キャッスル号として知られる有名な蒸気船によって、速度を追い求める熱狂を復活させる試みがなされた。この船は、五千トン船で、十九ノットの速度を誇り、中国からロンドンまでの時間を三十日まで減らすことができた。それは、クリッパー船でかかっていた日数の約三分の一である。また、グレノーグル号は、四十日で中国からロンドンまで航海した。しかし、経費が利益を上回ってしまうことがわかり、茶貿易は再び定期貨物蒸気船に戻ることとなった。

クリッパー船の時代の間に海を知らない者たちの間で湧き起こった興味と興奮に匹敵するものは、ダービーが唯一だろう。茶貿易は当時、最高級の商業的な仕事であり、茶の季節には万人の注視が威勢のよい「ティー・クリッパー船」に注がれた。遠く中国からイギリスまたはアメリカの母港まで、巨大な雪のように白い帆を広げて疾走し、新しいシーズンに摘み取った茶の中でも厳選されたものを運んだ。そして、最初に到着した荷物の荷受人によい利益をもたらした。最も優れた帆船の船長、最高の船員、そして海上で最速の船が、茶船団に現れていた。

ティー・レースは当時、取引所でも、クラブでも、暖炉脇でも、万人を惹きつける評判の話題だった。勝者は単なる名声以上の実のあるものを得た。巨額の富が賞として与えられることも珍しくなかった。

ミンシング通りでは、茶船がある地点を通過した時間を記録した電報が、今日の株式相場と同じような熱心さで、読み上げられた。そして、クリッパー船がイギリス海峡を風上にきっていくニュースがスタート・ポイントから届くと、興奮は最高潮に達した。電信時代以前には、ニュースはゆっくりと伝えられたが、ティー・クリッパー船の到着は興奮と謎に満ちたものだった。

時には、勝利を収めた船の乗員は船荷の持ち主から五百ポンドを受け取ることもあった。というのは、市場に出た最初の茶は、遅れて到着した船の茶よりも一ポンドあたり三ペンスから六ペンス多く儲けることができたからだ。先を争っている船がグレーヴズエンドを通過したというニュースが入ってくるとすぐに、仲買人や卸売業者のために見本を手に入れようと桟橋に大勢の試飲官が押しかけた。近隣のホテルにその晩宿泊したものもいれば、桟橋で睡眠をとるものもいた。朝九時までには、見本がミンシング通りで試飲された。そして、大勢の販売業者たちによって入札が行われた。関税は総重量に基づいて支払われた。そして翌朝までには、新しいシーズンの工夫茶がリヴァプールとマンチェスターで売りに出された。

クリッパー船の時代を思い出させる興味深いものを、ミンシング通りの茶仲買人W・J＆H・トンプソン社の事務所で今でも見ることができる。それは、競売場の壁にかけられる「風時計」である。風向きについて事務所で常に知ることができるようにしておくために据え付けられたのだ。というのは、帆船の時代には、逆風によって一週間かそれ以上ダウンズに足止めされることもあったからだ。この時計の矢形の針は、建物の屋根に置かれた風向計につなげられていた。南西の風はクリッパー船をイギリス海峡をのぼって疾走させると見積もれる種類の「追い風」であり、北東の風は腹立たしい遅れを意味した。北東風は、働き過ぎの事務職員たちにとっては、労働からの一時休息をもたらせてくれるために、それほど歓迎されないものではなかったが、熱心な人々は、新しいシーズンの茶の見本をより早く手元にもたらしてくれる風を何よりも望んでいた。風時計の針が北東から南西に動くと、馬に乗った人々がロンドンの町からトゥーティンやバラムへと向かった。それらの場所は、ロンドンから八マイル離れた辺鄙な村であったが、茶を積んだ船がおそらくもうすぐ到着するということを、そこに住んでいる商人に知らせに行ったのである。

一八六六年のグレート・ティー・レースは、ミンシング通りで今でも好んで論じられる話題である。全てのティー・レースの中でも最も興奮させられるこのレースは、一八六六年五月二十八日に、福州下流のパゴダ・アンカレッジから出発し、ロンドンの桟橋で九十九日後に終わった。ベイシル・ラボックは、『中国クリッパー船』の中でその話を最もうまく述べている。

一級のティー・クリッパー船十一隻がレースに参加した。それらの中で有力だったのは以下の船である。賭で人気だったアリエル号（八百五十二トン、キー船長）、テーピン号（七十六七トン、マッキノン船長）、セリカ号（七百八トン、インズ船長）、血火の十字架号（六百九十五トン、ロビンソン船長）、テイツィン号（八百十五トン、ナッツフォード船長）。指揮官たちはそれぞれ百万ポンドを超える茶を積み込んだ。

アリエル号が最初に荷積みを終えたが、スタートがまずく、潮が引くまで錨を下ろしていなければならなかった。そしてすぐに血火の十字架号に抜かれた。血火の十字架号は最初に海に出て、すぐに一日分ものリードを得た。テーピン号とセリカ号は、一緒に障害を超えた。

アリエル号は、喜望峰で二十四時間の損失をほとんど埋め合わせた。喜望峰を回ったのは、七月十五日で、血火の十字架号に二時間ほどの遅れだった。テーピン号は十二時間後に続いた。大西洋をのぼる航路で、これら五隻の船は次第に互いに接近したが、自分たちはそのことを知らなかった。セントヘレナを八月四日に通過したときの順位は、テーピン号、血火の十字架号、セリカ号、アリエル号、テイツィン号、という順だった。

赤道付近の熱帯無風帯で、血火の十字架号は二十四時間動けず、そのため船長はこのレースを諦めることを宣言せざるを得なかった。アリエル号はまだ運が良く、風に恵まれ、先頭に立った。ビショップとセント・アグネスの信号灯をとったのはアリエル号だった。イギリス海峡をのぼるレースで、アリエル号とテーピン号は船首をつきあわせて進んだ。ダウンズでは、地球の四分の三を渡るレースでたった十分差だった。ダウンズでのこの五隻の時間は以下の通りである。

アリエル	九月六日午前八時	九十九日
テーピン	九月六日午前八時十分	九十九日
セリカ	九月六日正午	九十九日
血火の十字架	九月七日夜間	百一日
テイツィン	九月七日昼前	百一日

しかし、ロンドン・ドックスで茶の見本箱が岸に投げられるまで、レースは終わらなかった。ミンシング通りでの興奮はものすごいものだった。イギリス海峡をのぼって争っている船の進行状況は、岬ごとにすばやく伝えられた。先頭を行く二隻の船の所有者は、どちらの船が本当の勝者かということについてくだらない議論をして、一トンあたり十シリングの臨時手当を手に入れ損ねてしまうことを恐れて、最初に桟橋に着いた船が要求することになっている割増金を分け合うと、ひそかに合意していた。もちろん、船長たちはこのことについて何も知らず、最後までへとへとになりながらも立派に戦った。

最終的には、ほとんどタグボートの争いになった。テーピン号は最初のタグボートを得たが、アリエル号がより早いタグボートを手に入れる可能性を避けるために、テーピン号の船長は次のタグボートも雇ったので、アリエル号はタグボートを頼むまでに数時間もかかってしまった。グレーヴズエンドでテーピン号は五十五分リードしていた。キー船長の船はテーピン号を追い抜き、ブラックウォール・東インド・ドックの入り口に午前九時に最初に到着したのだが、潮のせいで、アリエル号がドックの門の中に止まったのはようやく十時二十三分のことだった。

これ以上不満の残る結末はほとんど想像できないだろう。賞金を分け合うことは、ほとんどなぐさめにならなかった。海運業者たちは一般に、競争での船舶操縦術をそのように披露した後には、先頭をいく船が水先案内人を使った時点でレースが終了するべきだったという意見で一致していた。引退して現在オーストラリアに住んでいるエドワード・T・マイルズ船長は、この記憶に残るレースでアリエル号の乗組員だったのだが、最近私に宛てた手紙で次のように書いていた。

「帆をあげて闘ったこのレースの成績については、あらゆる栄誉がアリエル号のものである。というのは、タグボートが視界に見えてきた時、私たちはテーピン号の五マイルも先にいたのだ。蒸気の力を借りなければ、そのレースに勝っていたはずだ。」

セリカ号は西インド・ドックに午後十一時三十分、門がまさに閉じようとしていた時に到着した。したがって、アリエル号、テーピン号、セリカ号が福州で同じ日に出発し、九十九日後の同じ日に、テムズ川ですべて埠頭に着いたのである。

クリッパー船時代の終焉

帆船の繁栄した時代は既に過ぎ、海の競走馬は姿を消していたが、クラーク、ラボック、シュワン、マッケイ、ダニエルが書いた歴史書で再び生命を得ているし、メルヴィル、ダナ、コンラッド、マックフィーの海洋小説の中にも生きている。クリッパー船の黄金時代にアメリカが参加した期間は、十年をわずかに上回る程度だった。その後、独立戦争によってイギリスが好機を得て、イギリスもまた順調な十年間を迎えた。しかし、スエズ運河と蒸気船の時代によって、この良き時代も終焉を迎えた。

バジル・ラボックは記録に残すために、当時の帆船による四百マイル以上の航海をすべて表に記入した。それには八回の航海が記録されていたが、ハーヴァード大学のサミュエル・エリオット・モリソン教授がさらに二回の航海を付け加えている。これら十回の驚くべき航海はすべて、一八五三年から五六年の間に五隻の船によって行われたものだ。これらの船のうち四隻、海の君主号、ジェームズ・ベインズ号、ドナルド・マッケイ号、稲妻号は、すべてボストンのドナルド・マッケイが設計し建造したものである。そして五隻目の赤ジャケット号は、ボストンのサミュエル・A・プークが設計し、メイン州ロックランドで建造された。これらの航海のほとんどは、イギリスの旗の下、オーストラリア貿易で行われた。

ティー・クリッパー船は美しい船で、設計は華麗で建造はしっかりしており、すばやく仕事ができるように甲板室は小さく甲板は十分な大きさだった。常に模範的ヨットのような見栄えで、船体は黒か緑色をしており、渦巻装飾は金色で、すべての真鍮金具は磨き上げられ、甲板は砥石で磨かれ、索具はよく整えられていた。一つの奇妙な特徴は、底荷が固定されていなかったことである。それらの船は、二百トンから三百トンの小石（粒が粗く丸い海岸の石）を積んでいたが、それらの石は内竜骨に合わせて船底に平らに敷かれ、上に茶箱を置く台として機能した。それらの船は一般に乗組員が三十人いて、船長は特に高い能力を持っており、高速で「ぶっとばす」ことを恐れず、夜は決してわざわざ心地よく横になったりせず、常に港と港の間を可能な限り高速で航海することに熱中していた。

これらの船は、船乗りたちが非常に「扱いにくい」と言っていた。ひとたび荷を下ろすと、容易にあちこち動き回らせることはできなかった。背は高く、マストと索具をたくさん積んでいた。実際、完全装備の船だった。つまり、三本マストを備え、それぞれが四角い帆を据え付けていた。初期のティー・クリッパー船は木造だった。五〇年代末から六〇年代初頭に建造された船は、ほとんどすべて複合素材のものだった。つまり、骨組みは鉄で側面は木製、外装は銅だった。六〇年代末には、クリッパー船は完全に鉄で造られていた。さらに後には、造船業者は鋼鉄を使うようになった。「鉄の導入は、イギリスの商業船舶の優位に対して何にもまして貢献した。それによって、アメリカの同業者たちの競争に完全に勝利した」とラドックは述べている。

ニューヨークの停泊所にクリッパー船が引き入れられる光景が大切な思い出だというニューヨーク住民は、今日ではもうほとんどいない。しかし、W・G・ロウ氏は、ブルックリン側のピアポント・ストアズでN・B・パルマー号が船着場に入るのを見たことを覚えていると述べている。

「真新しく、船首から船尾まで走る細い金色の縞で飾られた塗立ての黒い船体、きちんと巻き上げられた雪のように白い帆がまっすぐに並び、黒い合板がそれらの帆を支えている。この船は実に、二度と忘れられない絵だった。メインマストのてっぺんには、赤と黄色と白の船主旗がなびき、真新しいアメリカ国旗が後檣斜桁に華々しい色のきらめきを与えていた。沈んでいく太陽の光の中で、この船は単に美しいものだっただけではなく、あまりに高く威厳があり堂々としていたために周囲にあるものがいくぶんみすぼらしく見えるほどだった。」

アンドリュー・シュワン船長は、彼の著書『帆船の偉大な時代』の中で、楽しい回想を集めている。シュワン船長の記述によると、福州のパゴダ・アンカレッジで茶を積むのは、絵になる光景だった。市場の開場は、福州の茶貿易に独特だった。福州の町では、最初の収穫が到着する五月初め以後、中国の商人たちは外国の仕入れ人が受け入れられる値段で売ることをなかなか決心しない。何週間もが押し問答に費やされる。そして最終的に、値段が十分低くなり、より重要な外国の会社の一つが商談をまとめる気になると、市場が開き、あわただしい活動が始まる。スピードが最大の関心事だった。茶箱の重さを量り荷札をつけるのに、四十八時間を要した。その後、それぞれの商館が、町から十二マイルあるパゴダ・アンカレッジまで品質を示す商標を艀船《はしけぶね》で大急ぎで運ばせた。そこで好記録をもっている二、三隻のクリッパー船が「行く船」として選ばれた。通例として、競争に加わるクリッパー船はすでに「底級」のものを積んでいた。すなわち、劣った品質の茶を十分な箱数積んでいたのだ。それらは新茶と比べて運送料が多少低く、小石のバラスを覆って新しい収穫物の荷物を守るさらなる保護材として機能した。

市場が開くのを待つ間何週間も無為に過ごした後、突然、しかもおそらく夜間に、巻き貝の貝殻が吹き鳴らされ、大騒ぎが起こり、それによって最初の茶運搬許可が出たことが知らされる。それに続く手順は、茶の所有者である商館の中国名を長々とした泣き声のような声で艀《はしけ》の男たちが歌うということだった。こうして、ジャーディン・マテソンの雇用者たちは、悲しげなリズムで「イーウォ！イーウォ！」と果てしなく泣き声を上げ、ターナー社の雇用者たちは調子はずれの「ワキー！ワキー！」という声を返し、他の社の人々も同様に、ありとあらゆる吠え声や叫び声を出した。シュワン船長はこのように書いている。

「彼らに応答し彼らを目的地に向けさせるのが一体誰なのか、私にはわからない。クリッパー船の会社の人々でなかったことは確かだ。私の信じるところでは、彼らに航路を教えるのに備えて、錨を下ろした船に中国人の川船の船頭たちがいたのだろう。日が暮れると、希望と恐怖が沈められた。好みの船二、三隻のそれぞれのまわりには、六隻かそこらの艀《はしけ》が集まった。その他の船は運がなく、耐えなければならなかった。しかし、彼らは待ちたいとは望んでいなかった。約四十八時間後には、『ブルー・ピーター』が幸運な船の一隻かそれ以上の檣冠から飛んできた。そして『茶免許状』が順に次の船に注意を向けさせた。」

突風を前にしてクリッパー船が疾走する様子を記したすぐれた記述として、シュワン船長はフランク・ローガン氏の日記から引用している。ローガン氏は、一八七九年にシドニーに向かったノーマン・コート号の乗客で、船はその日ルーウィン岬の南にいた。

「一八七九年五月二十五日。激しい嵐で突風が吹いている。船は、たたみ込んだ中檣帆のもと、山のような海で大揺れしながら難航している。ダウティー氏と私は、しばらく船尾の手すりごしに海を見つめていた。それは壮大な光景だった。うねる高波が船の後を続いた。波頭は私たちの近くに来ると、轟きをあげながらくだけた。船上でころげないようにすることはできないだろうし、哀れな小さな『ノーマン・コート』は飲み込まれてしまうだろうと想像し、私たちは優位な立場からまさに逃げだそうとしていた。しかし、いやはやこれは驚いた。船尾は宙に上り、船は波のてっぺんにそって運ばれ、船首は波間の谷に向かって真っ逆さまだ。その時、もう一つの巨大な山がまた船の上にそびえ立とうとしている。私たちは互いにこう言い合った。『神かけて！　これはとんでもなく恐ろしいものだ、確実に私たちの船上に上がってくる。』しかし、私たちの勇敢な小船は、コルクのようにこの嵐を乗り切った。」

シュワン船長は、一八八五年のわくわくするような、そしてしばしば引き合いに出されるティー・レースの出来事について、説明している。ジャーディンの高速船ケアンゴーム号(ライリー船長)とサー・アンドリュー・シュワン船長が指揮するラマーミュア号は、二百ポンドの賞金を求めてロンドンまで競争した。ともにジャワ海で、赤道の南の北西季節風地帯に入り、右舷開きで詰開き帆走し、どちらも二、三ノット以上のスピードが出せなかった。

「これはラマーミュア号が帆走するのに最も強い地点だ」とシュワン船長は言った。「そして、アバディーンのクリッパーの弱い地点だ。」わずかにへこんだ輪郭のある極端にとがった船の多くと同様に、わずかの風で動きののろいつまらない物になった。そのため、十分に弓なりの形をしたラマーミュア号は、しだいにリードし、風下にやってきた。二人の船長は親しい友人で、ライリー船長は白いテーブルクロスをかかげた。それは「こちらの船に食事に来い」ということを意味していた。そしてシュワンは、喜んでボートを下ろし、ケアンゴーム号へと進んできた。

「当時のラマーミュア号の航海士は、フランシス・ムーアだった。彼はシュレスヴィヒ-ホルシュタインの生まれで、ほとんど子どもと言っていいくらいの頃からジョン・ウィリスに仕えていた。一八五三年以来彼は、最初は二等航海士として、そして後には一等航海士として、私の父とともにいた。彼は一級の船乗りで、一八七八年頃までウィリスに雇用されていた。一八六〇年にはマーズ号の船長となり、続いて、ホワイトアダー号、ブラックアダー号、カティーサーク号を指揮した。ムーアはラマーミュア号をとても誇りに思っており、いつまでもこの船の名誉として戻ってくることができるような航海をするよい機会だと感じていた。これは、当時の最高のティー・クリッパー船の『風下を通過』してその船のまわりを帆走するということであった。誇りをもった競争相手にとって、これほどいらだせることはなかっただろう。」

「そして、この二人の船長が船室で食事をとっていた間、ラマーミュア号はケアンゴーム号よりもはるか先まで行っていたため、ムーアは舵の柄をおろして、左舷の船尾をまわって反対側の船首まで行くことができた。その後、ケアンゴーム号の風上舷で、彼はもう一度船を上手回しにし、針路を戻した。その食事の時にライリー船長の警備をしていた船員は、ラマーミュア号が船首をまわったことを報告したところ、二人の船長は甲板に上がってきた。ライリーは最初驚きで息が止まり、その後怒り狂った。『まさか！』と彼はあえぎながら言った。『このとんでもないオランダ人を見ろ！　神に誓って！　岸で彼をとらえたら、うんと油をしぼってやろう。』」

「彼がそうしたいと思っていたのかどうかわからないが、少なくとも確かなことは、ラマーミュア号が侮りがたい相手のまわりを帆走したという事実の記憶を、彼は決して消し去ることができなかったということだ。」

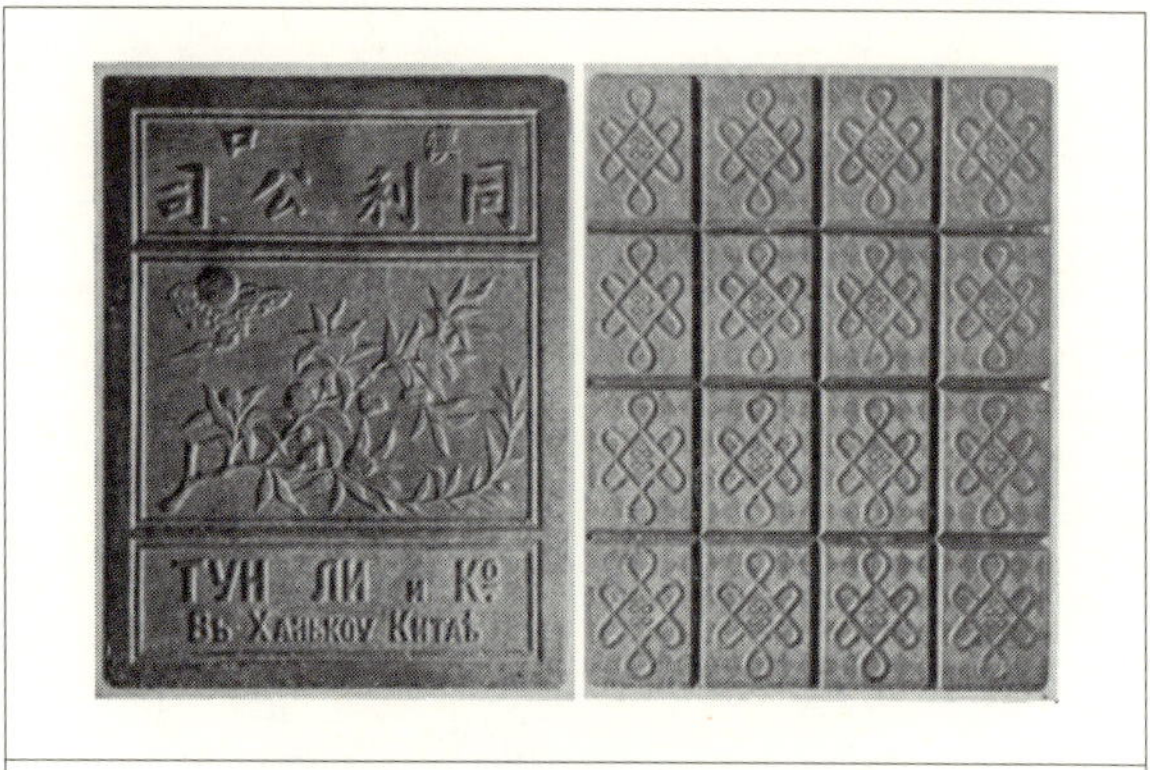

（上）ロシアの磚茶《たんちゃ》
［W.H.Ukers『All About Tea』1935より］

（下）ロシアの磚茶貨幣
（中国やロシアでは乾燥した茶葉を固めたものを通貨として用いていた）
チェイス・マンハッタン銀行文書館蔵

第5章

各国の喫茶習慣

中国の喫茶法

茶が飲用されるようになってから数世紀の間は、主に薬として飲まれていた。中国と日本の茶飲用唱道者たちは、茶は人間のすべての病気を治す治療薬だと考えていた。

最も古い中国での茶のいれ方は、やかんの中で緑の葉を沸かすというやり方だった。最初の改善は、葉を煎り、それを細かく砕き、陶磁器のポットに入れ、その上から沸騰した湯を注ぎ、ネギや生姜やオレンジを加える、というものだった。

中国人は一般にティーポットを使わず、茶を飲む茶碗の中で沸点よりもはるかに低い温度の湯に茶を浸すだけである。そして、ミルクも砂糖も入れずに飲む。茶葉をまず茶碗（アメリカ人が使っているブイヨンカップと似ていなくもないが、取っ手はついていない）に入れ、それから湯を注ぎ、蓋をする。蓋は、さかさにした皿に似ていて、茶葉のかすを漉し取るのに使われる。蓋をした茶碗は、口元まで持ってきて、茶碗を傾ければ茶が口に流れ込むのに十分なだけ蓋を人差し指で持ち上げる。

茶は中国では、貧富にかかわらず、あらゆる機会に、昼も夜も一日中、飲まれている。来客の時、買い物の時、商売を行う時、そしてすべての儀式の時に、茶が出される。中国人の家にあがると、必ず茶が供される。いれたての茶の入ったふたをした茶碗が、一人一人の客の前に置かれる。おかわりをするように求められたらそれは、そろそろ帰って欲しいと丁寧にほのめかしているのだと、一般に解釈される。

裕福な中国人は紅茶を飲むが、新茶は通常飲まない。彼らはそれを飲用するまで数年間、密閉した陶製の瓶に保存しておく。それによって、新茶がもっている刺激質がやわらぐ。

階級によっては、最も古い喫茶法に従って、磚茶《たんちゃ》を作る。この方法では、粉末状にした茶を餅とともに沸かし、濃厚などろどろした液にし、生姜を加えることによって苦みを取り除く。

都会では、茶房または館が繁盛している。それはヨーロッパのカフェに匹敵するもので、人々のたまり場として唯一の便利な場所である。上海にある四百件の茶房では、ほとんどすべての店で常連がいる。客たちのグループの中には、たっぷりと時間がある人たちもいる。彼らは自分の茶を持ってきて、わずかの金で一日中席について、好きなだけ湯をもらうことができる。

上海の茶房
［W.H.Ukers『All About Tea』1935より］

茶房で茶を飲む時には、二つの茶碗を使うのがならわしだ。大きい茶碗は茶をいれるためのもので、二百ミリリットルくらい入る。小さい茶碗は、デミタスよりも小さく、茶を飲むためのものである。大きい方の茶碗は皿がついており、それは裏返して茶碗の上に置く。この皿は、小さい方の茶碗に茶を注ぐためのくぼみがある。

現代の家庭や会社では、茶をティーポットでいれて、皿も取っ手もついていない個々の茶碗に注ぐ。しかし、海岸沿いでは、外国の影響が非常に強く、西洋のやり方にのっとって、茶碗に取っ手がついていて皿の上に置かれる。

茶用のお湯売り場
（北平－奉天〔現・瀋陽〕を結ぶ鉄道の駅にて）
［W.H.Ukers『All About Tea』1935より］

中国の列車では、駅のプラットフォームに茶をいれるための湯沸かし器がよく見られる。亜鉛引き鉄板の覆いが太陽から保護してくれ、その下で業者が火鉢の炭を静かに燃やして、湯がいっぱい入ったやかんか貧弱な銅製の大なべを熱している。乗客は通常、自分の茶葉とティーポットと茶碗を使う。お湯に対して銅貨が支払われる。自分の道具を持っていない人には、湯の売人が道具を提供する。それは次の駅まで列車に乗せて行き、そこでその駅の売り子が回収し、列車の乗務員によって元のところに戻すか、他の旅行者のために使われる。すべて、イギリスの習慣に非常によく似ている。

日本の茶道

喫茶は日本でその最高の栄誉に達した。それは、将軍足利義政（一四四九〜七三）の際立った保護のもとでのことである。京都を訪れた人は、義政の銀閣寺を拝観することができるが、そこには、最初に造られた茶室がある。ここで義政は、引退後晩年を過ごし、茶の湯の儀式を執り行っていた。茶の湯の作法の規範は、最初の偉大な茶人である村田珠光が作った。京都ではまた、足利義満の金閣寺も見ることができる。義満もまた、茶の湯に熱中していた。

十五世紀の日本では、高尚なものとなり、「茶道」という美を追

茶の湯が誕生した場所、銀閣寺

茶の湯の儀式に使う道具一式

究する域にまで達した。茶道は、美に対する敬意に基づいて作られた儀式である。自然に対する愛と物質的な簡素さが、その基調である。それには、純粋さ、調和、相互寛容が含まれている。儀式の形が整うと、日本で茶は寺で行われる儀式となった。後にそれは、格式の高い社会的交際に相伴うものとなった。

日本の茶人は、一杯の茶を儀式にまでした。その精神は、今日の日本にもまだ残っているし、ヨーロッパとアメリカのアフタヌーン・ティーの機能の中にもある。

最高の茶の湯の実践では、特別に設計され建てられた四畳半の茶室での茶会に、多くてもせいぜい四人の客が招かれた。部屋に入る前に、客たちは手と顔を洗い、六十センチ四方の襖の外に草履を脱ぐ。その襖が茶室への入り口であるが、謙虚な心を教えるために、意図的に低くしつらえられている。ひとたび中に入ると、主人が道具を取ってくる間、掛け物と生け花を鑑賞しながらしばらく過ごす。主人が戻ってくると、茶会が始まる。それを執り行うのは、複雑なことである。粉末状の茶を薄緑の泡になるまでかき回して泡立て、漆の鉢に入れるが、その見た目はエンドウ豆スープとそっくりである。それは実際、茶のスープであって、私たちが喫茶として理解しているような茶の浸出液ではない。

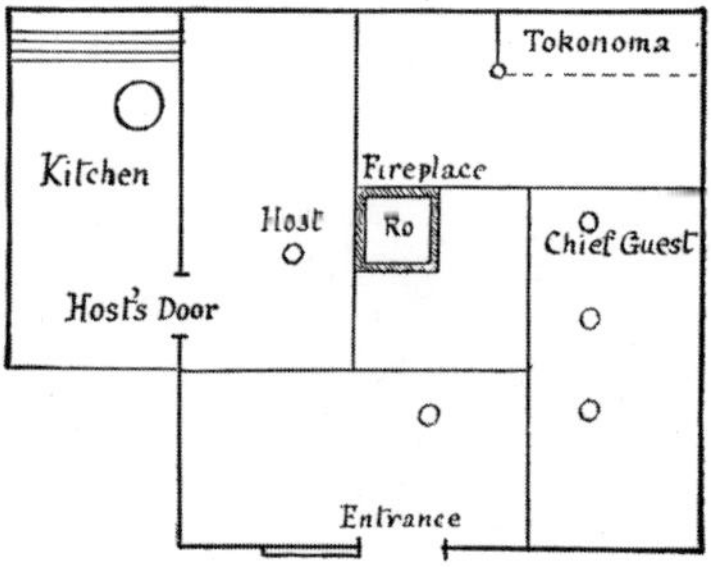

茶室の見取り図

私は京都で学校に行き、そこで茶会を見ることができた。それは本来の茶の湯と非常によく似ている。最初に、茶道具が用意され、あらかじめ決められたやり方で仰々しく洗う。それを行うのは、私たちのためにお茶をたててくれる若い日本人女性であった。私たちは彼女を見ながら、畳の上にあぐらをかいて座っていた。誰も一言も話さなかった。細かい粉状の茶を一匙特別な茶碗に入れると、炭火の入った箱の上で煮え立っているやかんから沸騰した湯をひしゃくに一杯とり、それを茶碗に注いだ。茶と湯を混ぜたものを小さな竹の茶筅でかき混ぜた。茶筅は、ひげそりブラシによく似たものだと思えばよい。あらゆる瞬間がそれぞれ独自の意味をもっている。しかしその際、日本ではほとんどすべてのものが象徴的である。茶をいれて供する際の一つ一つの細かな事柄は、四百年前に茶の湯の提唱者千利休によって規定された儀式書の中に書かれている。

茶がいれられると、茶を飲む人は、茶を出してくれる人の手から茶椀を伝統的なやり方に従って厳粛に受け取り、非常に威厳あるやり方で両手で唇までもってくることが期待されている。客は何口かゆっくりと飲むことができるが、最後にはほんの少し残しておくよう注意しなくてはいけない。この最後の一口をすする時には、頭を後ろに傾け、独特のすすり込む音をたてながら、この神聖な飲み物をのどに流し込むとよい。この所作は、この一飲みに

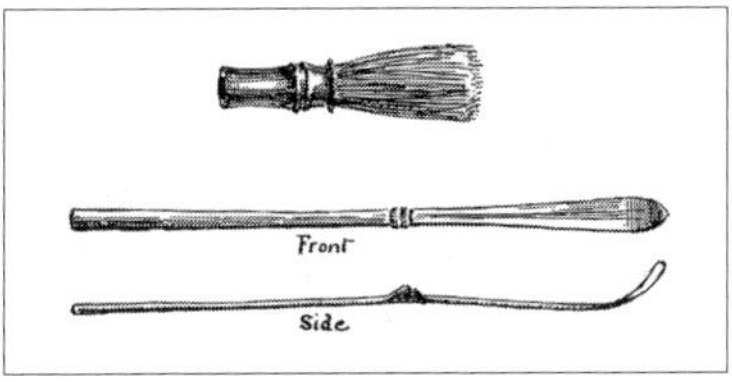

竹でできた茶筅と茶杓

大いに満足して喜んでいることを示すものだと考えられている。

昔からのならわしに従って、最も重要な客が飲むと、茶碗を隣の人に渡し、その人が今度はさらに隣の人に渡し、最後にはもてなす主人の手に渡り、主人は最後に飲む。時には、布もしくはナプキンが茶碗を扱うために供される。これは、茶碗を持つためだけでなく、それぞれの人が飲み終わった後に茶碗を拭くためにも使われる。茶碗は、左の手のひらに持ち、右手の親指と人差し指で支える。図を一目見れば、ことばで説明するよりも、決められた茶碗の持ち方がよくわかるだろう。（1）客は茶碗を手にする、（2）おでこの高さまで持ち上げる、（3）低い位置に戻す、（4）飲む、（5）再び下ろす、（6）（1）と同じ位置に戻す。（3）から（6）の位置の間に、もともと手前側だったところが反対の位置にくるまで徐々に、茶碗を右回りに半周まわす（図中、茶碗のわきについている十字の印を参照のこと）。

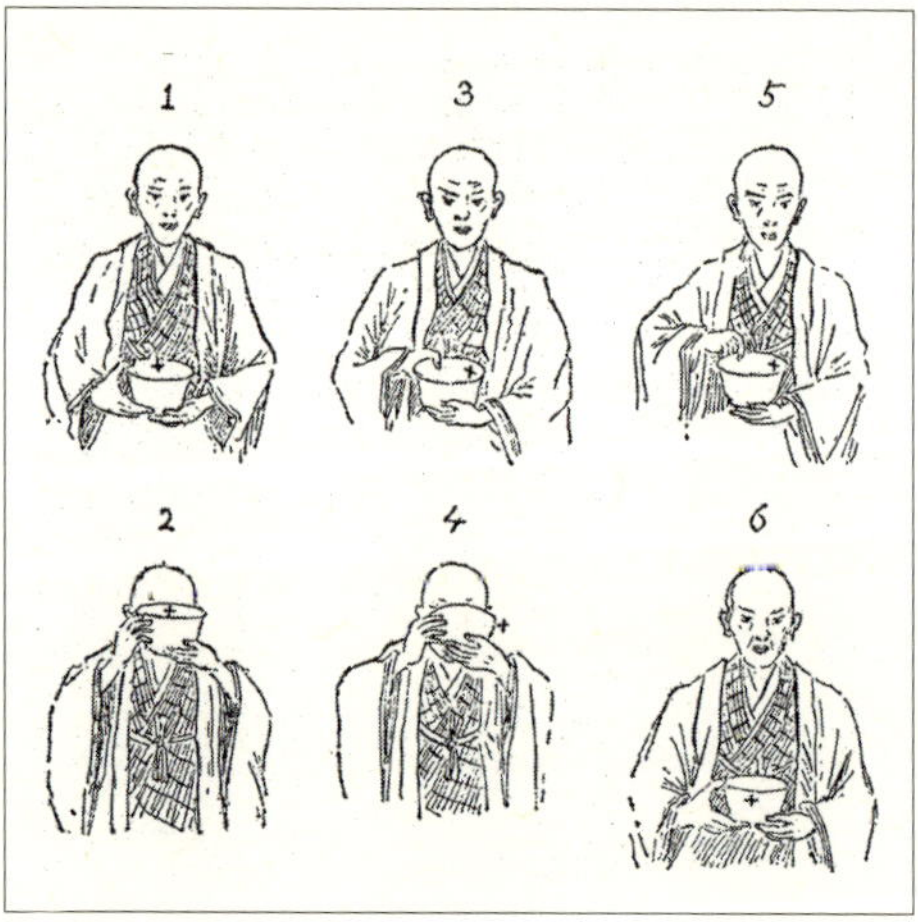

茶を飲む時の作法

主人が飲み終えると、主人はいかにそれが粗末なものだったかなどを述べて、その茶についてわびるのが礼儀であった。その後、空になった茶碗は客の間をまわして、皆が賞賛のことばを述べる。というのは、茶碗はしばしば、古くて歴史的興味のあるものだからである。これで茶会は終わる。茶器を洗った後、客は辞去する。立ち去る時に、主人は茶室の出口のところにひざまずき、客が何度もお辞儀をしながら述べる賛辞と別れの言葉を受ける。

良家の子女は皆、古くから伝わる茶道のエチケットについて、古典教育の一環として教わる。熟達するまでには、少なくとも三年の教授と実習が必要だと考えられている。

日本人が喫茶に対して与えている際立った地位は、絵のように美しく華々しい「茶壺道中」が一六二三年に始まったことによってさらに高まった。これは、宇治から江戸の将軍まで三百マイルの道のりをその年の最初の新茶を運ぶ、一年一度の立派な行列である。

日本人は茶に対して尊敬の念をもって、常に「お茶」と敬称をつけて呼んでいる。朝起きるとすぐに、仏壇に供えることによって祖先に茶を供し、自分が飲むよりも前に両親に茶を出すことが、家庭でのならわしとなっている。

もちろん、儀式での茶は、日常生活での喫茶と何の関係もない。日本人の大多数は、番茶を飲んでいる。これは、粗末な茶から作られるもので、アメリカには持ち込みを拒まれるくらいの安っぽい質のものであることが一般である。日本人は番茶を私たちが紅茶をいれるのと同じようにいれるが、沸かしたての湯ではなく単に熱いというだけの湯をしばしば使うという違いがある。

日本人は皆、男も女も子どもも、茶をいつも飲んでいる。実際、この国では仕事はいつも茶を飲みながら行われると言われている。主に緑茶が用いられているが、セイロンやインドの紅茶のブランドのいくつかは、主要なホテル、レストラン、蒸気船、列車などのメニューに載っている。茶は、取っ手のない小さな茶碗で、砂糖もミルクも入れずに飲む。茶のいれ方は、沸かしたての湯を約八十度まで冷まし、温めた急須の中でそれを茶葉に注ぎ、一分から五分間そのままおく。

喫茶店は国中にたくさんある。それらの店は、庶民的で居心地がよく、伝統的な旅館よりも楽しい場所だった。日本人にとって、家庭は客を受け入れるには私的すぎる場所である。そのため、客は喫茶店、クラブ、レストランでもてなされた。喫茶店は、国民生活の重要な一部で、それなしには人々は全く当惑してしまうだろう。

日本の駅で売られている個人用の茶

列車の駅では呼び売り人が、緑色をした小さな瓶に入った茶を一瓶四セントで旅行者に売っている。その瓶には、約半リットルの熱い茶が入っており、ふたはガラスのコップになっていてそこから茶を飲んだりすすったりすることができる。すするのは、日本では民衆に広く行われているが騒々しい茶の飲み方だ。すぐ飲めるようにいれたセイロン紅茶やインド紅茶の小さな茶色いティーポットも同じように売られていて、こちらはポット代も含めて七・五セントである。

イギリス——アフタヌーン・ティーの王国

おいしい茶、もしくは満足できる茶を求めるなら、イギリス以上の場所はない。イギリスでは、茶をいれてふるまうことが芸術にまでなっている。イギリスのすべての男性、女性、子どもも、どのようにおいしい茶をいれるか知っているように思われる。このように言うと、いつも新聞に文句を言っているような慢性不平家には鼻であざ笑われるだろうが、概してこのことに議論の余地はない。

十八世紀のロンドンの「ティー・ガーデン（紅茶や軽食を出す店のある公園）」によって、イギリスで初めて茶は屋外に持ち出された。市の中心部に位置していたが完全に男だけの場所だったコーヒー・ハウスよりも、郊外の公園に人々が頻繁に足を運び始めた理由の一つは、人々を引きつけるものを男性だけでなく女性にも提供していたからだ。紅茶、コーヒー、チョコレートなどあらゆる飲料が出されたが、やがて紅茶の人気が突出した。

十七世紀の公園は、「プレジャー・ガーデン（楽しみの庭）」として知られていたのだが、茶はなかった。これらの公園の多くは、実に荒れたところだった。しかし、十八世紀の「ティー・ガーデン」

は、最良の人々が息抜きと楽しみのために訪れる場所であった。それらの多くは、「ティー」という語が名前に使われていた。例えば、ほんの三つだけ例をあげると、「ベルヴィディア・ティー・ガーデン」「ケンジントン・ティー・ガーデン」「マールボロウ・ティー・ガーデン」などである。それらの公園では、流行《はやり》で人気がある飲み物の一つとして茶が出されていた。

ティー・ガーデンには、花で飾られた遊歩道、日よけのあるあずまや、ダンスをするための音楽が演奏されている「グレート・ルーム」、スキットルズ場、ローンボーリング用の芝生があり、バラエティーショー、コンサートなども行われていた。また、多くの公園では、賭博と競馬が行われていた。公園の季節は、四月か五月から八月か九月までだった。最初入園料はなかったが、訪れた人々は普通、チーズ、ケーキ、シラバブ、紅茶、コーヒー、エールなどを買った。後に、ヴォクソール、メリルボン、クーパーのティー・ガーデンでは、購入した飲み物の値段に加えて、一シリングの定額入園料を課した。ラネラでは、半クラウンの入園料に、「紅茶、コーヒーとバターつきパンを上品にふるまう」ことが含まれていた。

ロンドンのケンジントン・ティー・ガーデン

ヴァクソールとラネラのティー・ガーデンは、最もよく知られていた。エッジウェア・ロードの「ティー・メーカー」で後にハミルトン夫人となるエマ・ハートが、彼女の愛人であるチャールズ・グレヴィル（ウォリック伯の下の息子）を憤慨させたのは、ラネラ・ガーデンだった。彼はそのガーデンで、社交仲間の席を自分が訪ねて行っている間、周囲の詮索好きな目からエマを安全に隠しておいたつもりだった。ところが、あろうことか、彼女がその席の前から会衆に向かって歌を歌ったのである。

何千というろうそく灯が光り、非常に美しい女性と香水をつけたしゃれ男がいる十八世紀のティー・ガーデンは、今日では、茶にまつわるロマンスのかすかな記憶にすぎない。ティー・ガーデン自体はすでに一つも残っていないが、いくつかのティー・ガーデンの名前は酒場の名として残っている。だが、流行に敏感なロンドンっ子は概して、茶を屋内に引っ込めた。ごくまれな例外としては、ロンドン動物園のフェローズ・パヴィリオンの前の芝生やローズクリケット競技場などといった屋外の恵まれた場所で「天気が良ければ」茶をちびちび飲むというのは、適切だと考えられていた。

アフタヌーン・ティーを出す習慣は、おそらく十七世紀までさかのぼれる。しかし、はっきり明確な儀式として確立したのは、ベッドフォード公九世夫人のアンナのおかげであった。彼女の時代、すなわち十九世紀初頭、人々は並はずれた量の朝食を食べていた。昼は軽食で、夕食が出されるのは八時になってからだった。公爵夫人アンナは、五時に紅茶とケーキを出させた。というのは、彼女自身が書いたものを引用すれば、彼女はその時間に「気が滅入っていた」からだ。

茶は一八三〇年代には、イギリスでアルコール飲料の廃止を求める禁酒改革者たちの盟友とされた。「ティー・ミーティング」と彼らが呼んだ集まりが、多くの都市で開かれた。こうした集まりの一つについての現代の説明には、こうある。「富と美と知がそこにはあった。立派な身なりをした改革者が多数、笑みを浮かべた仲間とともにいたが、この光景に少なからぬ興味を加えていた。」

鍋と炉が一体になった茶をいれる道具、1710年

イギリス人は、大英帝国が育てたインド紅茶とセイロン紅茶を好んでいる。しかし、がんこな「通」は、今でも中国茶に固執している。紅茶は、ティーカップ一杯につきティースプーン一杯、さらにポットのためにもう一杯を、あらかじめ温めたティーポットに入れ、沸かし立ての湯を注いで約五分間おく。茶こしを使わない場合には、渋みが強すぎないようにするために、別の温めたティーポットに注いで茶葉を取り除くこともある。ティーバッグは使わない。というのは、バッグに閉じこめない方が茶はおいしく出るとイギリス人は考えているからだ。ティーバッグを使うかわりに、カップや茶こしを使ってティーカップに茶葉が入らないようにするのだ。

ミルクかクリームは、ティーカップの中で紅茶に加えるのが一般的である。ほとんどの人は冷たいミルクを使うが、熱いミルクを使う人もいる。ミルクは、紅茶を注ぐ前にカップに入れる。スコットランドでは、クリームが乏しく、ミルクよりもすぐれたものとして使われている。イングランド西部では、ミルクは豊富であり、クリームは紅茶に使われることがあまりない。まれにではあるが、紅茶をロシア風にいれることもある。すなわち、グラスにいれ、レモンを一切れ浮かべて飲むのである。砂糖は完全に好みの問題である。

レストランでは、ティーポットに調和した水差しで湯を出すのが普通である。そして必要に応じて、その水差しから湯をティーポットに加えるのである。これによって、紅茶はどんどんすすみ、一つのティーポットから一人三杯ずつの紅茶をいれることもしばしばある。これはとても安上がりな飲み物である。

イギリスで飲まれている紅茶の量は、アメリカやヨーロッパ大陸からの訪問者にとってだけでなく、自国人について立ち止まって考えてみるイギリス人自身にとっても、驚くほどである。イギリス社会のそれぞれの階層ごとに、紅茶の飲み方はそれぞれ独自のものがある。上流階級のアフタヌーン・ティーは、イギリスの慣習の中でも最も特徴的なものであると同時に、一日の中で最も魅力的な懇親の集いである。

掃除と洗濯にあけくれる年老いたベティのアフタヌーン・ティーは、彼女にとって最も元気づけられる食事である。裕福な人々にとっては、お茶の時間は遅い夕食への序幕であるが、貧しい人々にとっては、その前の食事の続きであり、したがって、「両極端は一致する」。

使用人を雇っている階級の間では、早朝の紅茶をベッドサイドに持ってこさせるのが慣習である。一日の始まりの紅茶は、目覚ましまたは刺激を与えるものと考えられている。これは多くのホテルで認められ提供されている習慣であり、それらのホテルの料金表には、ベッドルームでの茶の料金が書かれているのが通例である。

一日に十時間働くのが慣例であった時には、労働者階級の人たちは朝五時半頃に一杯の茶を楽しんだ。多くの場合、夫はこのくらい早い時間に起き、暖炉かガスこんろに火をつけ、自分で一杯の紅茶を入れ、街に出かける前に妻に一杯いれていった。彼の朝食は、やはり茶と一緒にとるのであるが、二時間半かそこら後になって職場でとることになる。今日、八時間労働をする人々は、家を出る前にきちんと朝食を食べ、十回に九回は朝食とともに紅茶を飲む。

上流階級の間では朝食の時にコーヒーを飲むことの方が多いが、それでもなお、多くの人が紅茶

小さなホテルでの朝食風景
（エドワード・ヴィリアーズ・リッピンギル《旅行者の朝食》1824年）

を飲む。それは、ホテルで朝食の時に紅茶かコーヒーかという選択がいつもできるということに示されている。

夜七時か八時にはティーポットは一日の仕事を終えて休息につくと思うかもしれないが、十時頃に少量のパンとチーズとともに一日の最後の紅茶を飲まずには床につけない人々もいる。新聞業界やその他の商売で夜働いている人たちは、終夜営業の「コーヒー」スタンドで一杯の紅茶かコーヒーを求めることができる。夜の通りで道路補修作業員の道具を守っている孤独な警備員は、赤い警戒灯に囲まれ、屋外で明かりを放つ火の前で小さな木造の小屋の中に座って、夜の静けさの中で食事とともに紅茶を飲む。

イギリスでの最近の社会的変化によって、家庭の使用人、買い物客、ビジネスウーマンたちの間で、早朝や日中の紅茶の習慣が広まってきた。日中紅茶を飲むのは、富裕階級の間では頻繁には行われない。しかし、中流よりやや下の階級と労働者階級の人々の間では、普通に行われている。これらの人々にとっては、日中の食事が一日の中で最も主要な食事で、肉と野菜とデザートからなっている。中流階級の人々のとるイギリスで有名な「五時の紅茶」は、今日では四時頃か四時と五時の間に飲むことの方が多い。それは、一杯の紅茶と、ケーキかビスケットかその他のパン菓子類からなる、ごく軽い食事（それを「食事」と呼べるなら）である。

一日の中で最も重要な食事を昼間とる人々にとって、その日の三回目の食事は、その飲み物から名前をとっているが、裕福な人々の四時の紅茶よりもずっとたっぷりした食事である。彼らにとっては、その後夜の食事はないからである。この「お茶」は普通、六時頃に、仕事から戻ってからとるもので、「ハイ・ティー(high tea)」「ミート・ティー(meat tea)」「ハム・ティー(ham tea)」と呼ばれている。

土曜の午後と日曜は、ロンドンの人々が家から離れて出歩く時であるが、テムズ川でボートを借りて、ピクニック・バスケットと酒の入った容器をもって、気持ちのよい森の中で川岸の木々の下にボートをつないで、適切な時間にアフタヌーン・ティーをとる。また、サイドカーつきのオートバイに乗ることができる人は、ロンドンから二、三十マイルはなれた美しい森林や丘の上でオートバイを静かな道ばたに寄せ、草の上に敷いたテーブルクロスの上にピクニック・ティーを広げるだろう。

最近イギリス南部では、移動式のティー・ショップが出現した。それは、小さな自動車で引いて、自家用車を運転する人々が集まる場所に止まって茶を出す。

田舎小屋でのハイ・ティー
(トーマス・アンワインズ画、19世紀初め頃)

ロンドンにはあらゆる種類のレストランがあり、昼夜を通じて紅茶を出している。多くの一流レストランとパブではワインと酒も飲むことが出来るが、ほとんどすべての店でその店ごとに得意のアフタヌーン・ティーを作る。

ロンドンでのティー・ルームの草分けは、エアレイテッド・ブレッド・カンパニーで、俗にA・B・Cとして知られている。A・B・Cでの紅茶の値段は、カップ一杯二ペンス、または一人あたりポット一杯三ペンスだった。この会社は、六十五か所の店を所有していたが、多くの競争相手がいた。ライアンズは、世界最大のティー・ショップのチェーンで、ロンドン内外に、多くの巨大でりっぱなレストランの他に、何百という通常のティー・ショップを営んでいた。パイオニア・カフェは、五十以上の店を数え、エクスプレス・デアリ・カンパニーは多数の軽食店を所有していた。その他、ロンドンでよく知られているティー・ルームとしては、バスザーズ、リッジウェイズ、キャビンズズ、カラーズ、フレミング

テムズ川沿いのマリーズ・リバー・クラブ

ズ、ルーラーズ、「ジェーピーズ」、リプトンズ、メッカ・カフェ、スレイターズ、スチュワーツ、ウィルソンズがある。また、ロンドンの大きなデパート、例えばセルフリッジズ、ホワイトリーズ、ハロッズ、バーカーズ、ポンチングズはすべて、女性の買い物客が紅茶を飲みに外に出て戻って来ないよりも自店内にとどまる気にさせようと、魅惑的なティー・ルームを営業している。数多くのより小さな高級ティー・ルームが、ロンドン中に散らばっており、そこではオーケストラが演奏する舞踏会が頻繁に開かれた。平均的なロンドンのティー・ショップでは、カップ一杯の紅茶の値段は二ペンスから三ペンスだった。ポット一杯の紅茶は一人三ペンスから四ペンスで求めることができた。

ライアンズ・ティー・ショップは、イギリス紅茶の最高の伝統を真に代表していると考えることができる。四十年前から続く「おいしい紅茶ポット一杯二ペンス」という考えに基づいて、ライアンズでは今でもポット一杯三ペンス（六セント）、カップ一杯二ペンスで紅茶を飲むことができる。

ライアンズ・ティー・ショップの説明をするのに、「ニッピー」というニックネームをつけられた

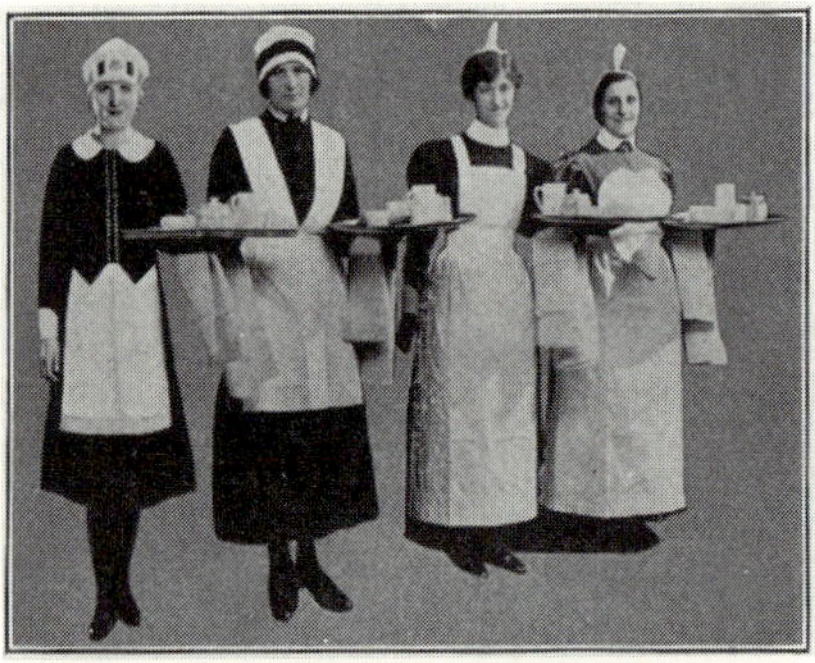

「ニッピー」のスタイルの変遷
（右から、1894年、1897年、1924年、1934年）
［W.H.Ukers『All About Tea』1935より］

魅力あるウェイトレスに触れないで終えることはできない。この店の経営陣の目的は、サービスに威厳をつけ、可能なら「名誉を与える」ことである。しかし、制度としての「ニッピー」は、コクラン氏の「若い女性たち」やジークフェルド氏の「栄光に輝く」アメリカの少女たちと全く異なる。ライアンズの経営陣は、ウェイトレスの服から強制労働の装いをすべて取り除くことに着手し、その目的のために、高い襟と袖口とヴィクトリア時代初期のはためくようになびくエプロンひもを取り除いた、最新のフロックをデザインさせた。彼らはウェイトレスをスタイリッシュで人間的で快適にした。「ニッピー」という名前を選んだことによって、数ヶ月間その会社に注目が集まった。その単語は英語の話し言葉の中で、活動的、活発、機敏という意味がある。ライアンズのタイプのウェイトレスに当てはめられると、それは急速にロンドンで評判になり、今ではロンドンで普通に使われている。

夏にはイギリスのほとんどいたるところで、屋外で、安らかであると同時に活気づけてくれるような環境の中で、アフタヌーン・ティーを楽しむことができるようになる。ティー・ガーデンはロンドンの公立公園、主としてハイド・パーク、ケンジントン・ガーデン、ロンドン動物園、キュー王立植物園で、営業している。訪れた人は、これらの公園のどこでも、ポット一杯の紅茶を四ペンスで飲むことができる。これらの公共の場所では、イギリス社会のすべての職業・地位の人々が、木の下や、白い傘を広げて日光を避けたりして、アフタヌーン・ティーをテーブルで楽しんでいるのを見ることができる。

郊外ではいつも、アフタヌーン・ティーの時間に居間や裏庭をティー・ルームまたはティー・ガーデンにしている民家を多数見ることができる。通行人への合図は、通常ただ一言「ティーズ（Teas）」とだけ窓の内側かドアポストにこぎれいに示しているが、その知らせが旗竿の上から陽気にはためいているのを目にすることも珍しくはない。

多くのロンドンのホテルのラウンジでは、宿泊客と来訪客にアフタヌーン・ティーが出される。平均価格は、一人につき一シリング六ペンスか、もしくはサンドイッチとパン菓子つきで二シリング六ペンスである。劇場や映画館のマチネの客は、休憩時間に紅茶用の小さなトレーを手に持っている。クラブではどこでも紅茶を出す。アスコット競馬、ヘンリーレガッタ、ハロー校対イートン校戦の日の王立クリケット競技場、カウズレガッタ、国王主催の年一度のガーデン・パーティ、といった重要な社会的行事では、紅茶が絵のように華やかな光景となる。もしもアフタヌーン・ティーがなかったら、これらの行事は全くイギリスらしさを失ってしまうだろう。

イギリスの田舎で普通に見られる「ティーズ・アンド・ホット・ウォーター」の立て札を出した家

ロンドンの鉄道の大きなターミナル駅では、プラットフォームにある紅茶を積んだワゴンとティー・ルームはいつも混雑しているが、夜には特に混み合う。夜行列車の乗客が温かい紅茶を「出発のはなむけ」として求めるからである。プラットフォームの紅茶を積んだワゴンまたは手押し車は、手押し車にぴったり合うように作られた携行石油こんろを使って熱くしてある湯を入れた沸かし器を載せている。列車はロンドンから百マイルや二百マイル離れた駅に真夜中に着くのが一般的だが、停車時間は、乗客が駅のブッフェで熱い紅茶かコーヒーを一杯買い求めるのにちょうど十分なだけの長さにしてあった。

イギリス人は、幸せになりたいなら、飲みたい時にいつでも紅茶、しかもおいしい紅茶を飲むにちがいない。このことを頭においていればこそ、イギリスの主要な鉄道は、乗客に途中で茶のサービスを提供する計画を始めた。そのサービスは、単なる紅茶のトレーか

バッキンガム宮殿でのロイヤル・ガーデン・パーティ

ら、ティー・ルームやデラックスな食堂車まで、乗客の懐具合に合わせせられるように等級分けされていたが、それらはすべておいしい紅茶を提供していた。

イギリスの鉄道が高度に快適で効率のよいものへと発展してから何年も経ってようやく、食堂車を直通列車につけたり、駅のプラットフォームから客室の乗客にトレーにのった紅茶を運んだりすることを考える人がはじめて出てきた。

ロンドンのミッドランド・アンド・スコティッシュ鉄道では、食堂車で出される紅茶が一年に約百十六万杯である。食堂車では、カップ一杯の紅茶が四ペンスで、バターのついたパンかトーストかケーキをつけると九ペンスである。グレート・ウェスタン鉄道では、一年に二百五十万カップの紅茶と一万七千個の弁当のバスケットが出されている。

プラットフォームで紅茶を売るワゴン
［W.H.Ukers『All About Tea』1935より］

バスケットを客室まで運んでくれるサービスは、乗客が自分の席を離れなくてすむという便利なものだったため、とても人気が高く、日中普通に紅茶を飲む時間だけでなく夜の間ずっと、列車が駅に着くと大量のバスケットが売れた。このバスケットは、利用し終わると脇に置くか座席の下に置き、大きな駅で専門のスタッフに返却し、それが売られた駅に戻す。グレート・ウェスタン鉄道のバスケットは内側がエナメル加工した鉄で、中には紅茶と、おかわり用のお湯、ミルク、砂糖、バターのついたパンが三枚、ケーキ、そしてバナナなどの果物が入っており、代金は一シリング三ペンス（約三十セント）である。

ティータイムの習慣は、イギリスが所有または操業しているすべての海洋蒸気船にも広まっている。食堂か甲板でアフタヌーン・ティーが出される。甲板係が紅茶をサービスするという栄誉ある仕事を受け持っている。真夜中頃には、乗客が望めば客室係が乗客に紅茶とケーキを持ってきてくれる。

「空の上での紅茶」の最初のサービスは、一九二七年にイギリスで、ロンドンとパリの間を結んでいたインペリアル・エアウェイズが始めた。「空の上での紅茶」のサービスを経験するロンドンっ子のために、インペリアル・エアウェイズの飛行機は、五月から十月までの間、午後に定期便をロンドン市上空に

グレート・ウェスタン鉄道のティー・バスケット・サービス

飛ばせている。一切込みの料金は、三十シリング（約七ドル半）である。

第一次世界大戦の間、多くのイギリスの工場で新しい習慣が生まれた。おそらく、当時その産業に入ってきた大量の女性労働者のためであろう。それは、列車のプラットフォームで使われているのと似た丸い紅茶用ワゴンを、朝十一時頃にベンチや機械のところにいる労働者のところにもってくるというサービスだ。この習慣はすでにほとんどすたれてしまっているが、十一時にお茶を飲むということは多くの工場や大きな店や会社で働く女性労働者の間で、様々な形で今も生き残っている。紅茶を出してくれない会社で働く人は男性も女性も、通常外出するための休憩時間が与えられていて、いれたての紅茶をわずかの料金で飲むことができる近隣のティー・ショップに行く。午後四時頃に会社にいるロンドンのビジネスマンは、ほぼ確実に、二杯の紅茶をもった「女性タイピスト」が入ってきて邪魔される（一杯は自分用である）。役員会議でさえも、紅茶トレーが侵入することが知られている。これが極端に聞こえるなら、下院議会から人が減り、ティー・ルームや、天気がよければテムズ川を見下ろす有

空の上でのアフタヌーン・ティー
ロンドン、トラファルガー広場上空にて
［『イラストレイティド・ロンドン・ニュース』より］

名なテラスの戸外茶店で、議員たちの姿を見つけることができるということについて、一体何を言うべきだろう。

オセアニアとカナダ・オランダの習慣

ニュージーランド国民は、一日に七回も紅茶を飲む。紅茶をいれるにあたって、ニュージーランドの主婦はイギリスで見られるのとほぼ同じやり方に従う。ただし、最近ではティーバッグを用いることが多くなってきている。しかしながら、「奥地」として知られているいなかの地域に住んでいる人々は、茶葉を沸かす傾向がある。多くの人は、奥地の大きなオーストラリア羊牧場の労働者に喫茶の栄誉を与えるべきだと考えている。開けた土地に住むこれらの人々は、「四食、肉を食べている人々」で、文明化した人種の中でももっとも背が高いとされているが、彼らは可能な限りあらゆる機会に、最も濃い種類の紅茶を飲む。

オーストラリアほど紅茶人気が高い国はほとんどない。オ

オーストラリアの列車でのアフタヌーン・ティー
［W.H.Ukers『All About Tea』1935より］

ーストラリアでは、インド、セイロン、ジャワの紅茶のブレンドが好まれている。多くの家庭やホテルで、紅茶は一日七回出される。朝食前、朝食時、午前十一時、昼食時、四時、夕食時、そして就寝前である。ほとんどすべての大きな会社や商家では、朝の十一時と午後の四時に従業員に紅茶が出される。

平均的なオーストラリアの家庭では、紅茶はニュージーランドと同じようなやりかたで、同じような注意を払っていれられる。しかし、奥地では原住民が茶を全く異なったやりかたでいれる。煙で黒くなったブリキの「ほうろう缶」を使って、朝寝台からはい出すとすぐに湯を沸かす。そして、茶葉をひとつかみ入れ、ベーコンを料理し終えるまでそのまま沸かしておく。ベーコンができる頃までには、紅茶はよく煮えていて、朝食に出す準備が整っている。食事が終わると、そのほうろう缶はそのままとろとろと煮立てておく。そして夕暮れに小屋に帰ると、火を再びつけて、一日中煮ていた黒い液を温め、最高の楽しみとしてそれを飲む。

森林をさまよう「放浪者」もしくは「浮浪者」が使っているそのほうろう缶は、「マチルダ」という名前がつけられているが、それがどうしてなのかはわからない。このあだ名のもと、ほとんど国歌といってもいいほど広く歌われている『ワルツを踊るマチルダ』というタイトルの歌の中で誉め称えられてきた。その歌の中では、「あなたは私と一緒にワルツを踊るマチルダになるだろう」と繰り返し歌われている。

カナダは西半球で最も紅茶を飲む国である。カナダで紅茶は朝食の時、一日を通じて他の食事の時、そして就寝前に飲む。ティーバッグが使われる量が増加してきている。

ニューブランズウィック、ノヴァスコシア、ニューファンドランドで、紅茶はイギリス式にいれられるが、そこでもやはりティーバッグが好まれるようになっている。五時の紅茶は、セント・ジョン、ディグビー、ハリファックス、ニューファンドランド州セント・ジョンズといった街の新しい近代的ホテルでは、もっとずっと大きな機能をもつようになっている。

茶が最初にヨーロッパにもたらされたのはオランダであったが、オランダでの茶の利用は、十七世紀半ばには十分に確立されていた。十七世紀末に、茶は貴族階級の間で、一ポンドあたり八十から百ドルという信じられないくらいの値段がつけられていた。そして、ティー・パーティに夢中になった多くの家が、没落の憂き目を見た。

喫茶の光景を描いた最も初期の絵画のひとつ
ニコラス・フェルコリェ《ティー・パーティ》1700年頃
ヴィクトリア・アンド・アルバート美術館蔵

今日オランダ国民は、茶愛飲家として大陸ヨーロッパの国々を先導している。ジャワ、インド、セイロン、中国の発酵茶が好まれている。茶をいれる際に、オランダの主婦は、沸かし立ての湯だけを使い、茶を浸出させるのは五分から六分までである。そして、温かく保っておくために保温カバーをかけておく。茶は、国中のすべてのカフェとレストラン、そして多くのバーで飲むことができるだろう。家庭では、茶は朝食の時に広く飲まれている。そして昼食時には、主にコーヒーが用いられるが、少なからぬ家庭で茶を出す。午後遅くと、夕食の一時間ほど後には、ほとんどのオランダの家庭で茶が出される。慣習的なアフタヌーン・ティーは、女性、男性、子ども、そして立ち寄る人があれば訪問者とで行う、家庭での行事である。

アメリカへ渡ったアフタヌーン・ティー

オランダからアフタヌーン・ティーの習慣が大西洋を越えてニュー・アムステルダムに伝わった。紅茶とともに、茶盆、ティーポット、「バイト・アンド・スター」砂糖箱、銀のスプーンと茶こし、その他オランダの主婦たちの誇りであったティーテーブルの用具もまたもたらされた。

社会的礼儀を心得たニュー・アムステルダムの年配女性は、紅茶を出しただけでなく、訪問客の好みに合わせられるように様々なポットで数種類の紅茶をいれた。紅茶と共にミルクやクリームは決して出さなかった。ミルクやクリームを入れるのは、フランスからアメリカにもっと後に持ち込まれた新しいやり方なのである。しかし、砂糖は入れた。時には、香りをつけるために、サフランや桃の葉を加えた。訪問客たちは紅茶に、棒砂糖を一かたまり削っていれるか、粉砂糖を入れて混ぜた。そのため、ティーテーブルには「バイト・アンド・スター」砂糖箱が置かれていたのだ。この砂糖箱は、真ん中に仕切りがあって、その片側は棒砂糖用、もう片側は粉砂糖用に使われた。ウーマと呼ばれるふりだし器もテーブルを飾っていた。これには、シナモンと砂糖がいっぱい入っていて、そのシナモンと砂糖をホットケーキ、ホット・ワッフル、ウエハースなどにふりかけた。

ニュー・アムステルダムは一六七四年にイギリスの手に渡ると、ニューヨークと改名され、イギリスの風習を獲得していくようになった。十八世紀前半のロンドンのプレジャー・ガーデンの考えを真似て、コーヒー・ハウスと居酒屋にティー・ガーデンが加わった。そして、この街のはずれでは、ラネラ・ガーデンとヴォクソール・ガーデンが開園した。これらは、同名の有名なロンドンのティー・ガーデンを手本にして作られた。

一七六五～六九年の時期の広告から、ラネラとヴォクソールで週二回、花火とバンド・コンサートがあったことがわかる。これらの庭園は、「紳士淑女の夕刻の娯楽だけでなく、朝食のため」のものでもあった。紅茶、コーヒー、そしてできたてのロールパンを、一日のうちいつでも、こうしたプレジャー・ガーデンでとることができた。パイン通りのバンク・コーヒー・ハウスを以前経営していたウィリアム・ニブロは、サン・スーチという名のプレジャー・ガーデンを開店した。

昔のニューヨークで紅茶を出すよく知られたプレジャー・ガーデンの中には、コントワズ（後のニューヨーク・ガーデン）、チェリー・ガーデンズ、そしてティー・ウォーター・ポンプ・ガーデンがあった。後者は、有名な「よその町の」ガーデンで、チャンサム通り（現在のパークロウ）とルーズヴェルト通りの交差点の近くの泉にあった。この泉とその周囲は、紅茶やその他の飲み物が飲める流行最先端の行楽地となった。

紅茶をいれるための良質の水を手に入れることを可能にするために、ニューヨークの会社が、チャンサム通りとルーズヴェルト通りの交差点のこの泉の上に、紅茶のための水のポンプを立てた。この水は、町の他のポンプの水よりもずっと望ましいものだと考えられており、荷車に積んで通りを行商してまわっていた。売り子の「お茶の水！　お茶の水！　出てきてあなたのお茶の水をどうぞ！」という叫び声は、当時に特徴的なものだった。一七五七年までに、この商売は非常に発展してきて、「ニューヨーク市の茶用水売りを規制するための法律」を市議会が制定せざるをえなくなるほどだった。

紅茶用の水は、他のいくつかの泉からもポンプで汲み上げられていた。ナップの有名な泉は、現在の十番街と十四番通りの近くにあった。ひいきの人が多かったもう一つの泉は、クリストファー通りと六番街の交差点の近くにあった。

イギリス人の知事たちと彼らの友人の裕福なトーリー党員たちは、ニュー・イングランドの初期の紅茶の風習に儀礼ばった威厳の色を与えるのを手助けしたが、紅茶の葉の値段は一七五〇年代から七〇年代半ばまでは非常に高かったため、頻繁に利用することはできなかった。しかしながら、世紀の変わり目までには、紅茶の飲用は非常に流行した。その流行は、この時期の家具に影響を与えただけでなく、茶をいれるために、実に美しく値段もはる、銀や陶磁器のティーポットと焼き物のティーカップとソーサーを必要とさせた。これらのものとともに、芸術的技巧で有名な職人によって作られたティートレーの用具一式もともなった。

リビング・ルームの多くには、様々な種類のティーテーブルがいくつかあった。これらのテーブルを囲んで、入植者たちの社会生活の多くが繰り広げられていた。この事実を認識することによって、彼らをボストン茶会事件へと導いたいらだちをはっきりと理解することができる。大きなティップトップ式テーブル、小さなやかん台、お盆のような縁のある四本足のテーブルは、こうした社会生活のために作られた。豪華な木材で作り、繊細で芸術的なティーポットとカップが置かれて、こうしたテーブルは部屋に美しい色のバリエーションを与えた。入植女性たちが茶を愛国的義務としてあきらめると誓った時、これらが姿を消すことに対して多くの遺憾のため息がもれた。

共和国の初期に、茶はアメリカのテーブルに戻ってきた。同時代の記録からわかるように、マウント・ヴァーノンのジョージ・ワシントンは、「通常、朝食に紅茶を飲んだ。イギリス式で、インドのケーキとともに、バターともしかしたらはちみつを入れて、飲んでいた。これを彼は非常に好んでいた。彼の夕食は特に軽いもので、おそらく紅茶とトーストに、ワインを飲んだくらいである」。

紅茶は長年にわたって、アメリカの夕食のテーブルで主要な飲み物だったため、夕食のことを「サパー」または「ティー」のどちらかで呼んでいた。

今日、アメリカ国民は紅茶、緑茶、ウーロン茶を飲むが、イギリス人と違って、カップの中の茶葉の質よりも見た目に注意を払う。

様々な茶の違いについては、底知れぬ無知が存在する。普通教育では、「オレンジ・ペコー」という用語が質と同義であるという程度より先にはほとんど進んでいない。アメリカ人が買っている母国で調合された紅茶は粗末なものだし、それをいれる過程でその飲み物をたいていだめにしているのだ、ということをイギリス人は私たちに教えてくれるだろう。確かに、私たちは高級なオレンジ・ペコーの方を、量がたっぷりあっても粉々になった葉よりも好むようだ。また、最高級のホテル、レストラン、家庭でさえも、茶をいれるのに新鮮でない気の抜けた水をしばしば使っているということを認めているようなものだ。

インドとセイロンの紅茶は、あわせてアメリカでの需要の四十二パーセントをまかなっており、アメリカのすべての州でかなり広く消費されている。ジャワとスマトラの紅茶は、二十パーセントを占めている。日本からの茶は、需要の約十七パーセントを供給しているが、西海岸諸州と北方国境沿いで主に用いられている。ウーロン茶は主に、ニューヨーク、ペンシルバニア、ニュージャージーなど東部の州で主に消費されている。台湾の茶は、茶輸入量の十二・五パーセントを占め、ニューヨークとボストンで特に好まれている。それに対して、フィラデルフィアは常に福州茶を支持している。中国茶は輸入の約九パーセントになり、米国中の目利きが追い求めているのは依然として紅茶だが、オハイオ、インディアナ、ミズーリ、ケンタッキーなど中部諸州では主に緑茶が消費されている。

十九世紀末の移行期に、夕食はサパーまたは「ティー」からディナーに置き換わっていった。年長の世代は、ティーポットが最高位に君臨していた夕刻の軽い食事を記憶しているだろう。コーヒーは、朝食と昼のディナーテーブルを明らかに支配していたが、「ティー」と「サパー」は同義で、十九世紀を通じて、アメリカ人の日常習慣の中に深く根付いて切り離せないものになっていた。

この国中で、茶の利用にはほとんど統一性がない。人種的な系統によって、大量に消費する地域もあれば、ほとんど用いない地域もある。また、南部諸州のように、ある季節だけ消費するところもある。冬には熱い茶を少しだけ飲むのに対して、夏にはアイス・ティーを大量に消費することで相殺しているのだ。

最近では、アメリカ中いたるところにソーダ水売り場があるが、メニューにホットとアイスの紅茶が加わり始めている。これによって、大衆に茶を供する重要な場が新たに開かれている。

ティーバッグまたはティーボールの導入は、茶を広めるのに大いに役立った。アメリカの家庭だけでなく、料理人と給仕の間でも大いに人気を博した。料理人や給仕は、ティーバッグによって茶をいれるのが簡単になり、よりおいしく質が一定の茶を確実にいれられると信じている。

アメリカの主婦は、イギリスとほとんど同じやりかたで茶をいれるが、一世、二世のヨーロッパからの移民の家庭では、母国のやり方にならって茶をいれる。茶をいれる時間は、三分から十分までまちまちだった。

アメリカ的な価値観をもつ人にとって、朝食の茶は「味気がなく、新鮮でなく、むだ」である。彼はコーヒーを飲む。しかしながら、多くのアメリカ人は朝食時にも茶の方を好み、昼食にはいつも茶を好んでいる。

アメリカの家庭でアフタヌーン・ティーは、細部が大いに多様である。多くの場合、イギリスの「ティー・パーティ」のすべての伝統に従っているが、若い世代は驚くような新しいやり方を取り入れている。同じもてなし手の女性が、冬にはホット・ティー、夏にはアイス・ティーを出していることも珍しくない。冬はほとんどのもてなし手がすべて準備のととのった茶の入ったティーポットをキッチンからもってきて、カリカリのトーストと自家製のジャムだけを添えて出す。夏には、アイス・ティーをポーチで出す。アイス・ティーは純粋にアメリカで開発されたもので、望むままにどのように変化を加えても、またどのようなものを添えても、礼儀にかなっていないということはない。ティー・ワゴンは、手数を省いてくれるので人気がある。イギリスのティーではどこでも見られるマフィン・スタンドのかわりに、入れ子式のテーブルセットがあり、その中の一番大きなものはティートレーのためにとっておき、それ以外をもてなし手は客に分配する。

アメリカでの喫茶は、過去十年にアフタヌーン・ティーの考えが熱狂的によみがえり、しばらくの間午後に紅茶を飲むことがアメリカの慣習となりそうな状況になってくると、かなりの勢いを得た。どこの市でも町でも村でも、それ以来ティー・ルーム、またはティー・ガーデンともしばしば呼ばれる類の場所が開設されるようになった。それらは実際には、軽い昼食をとる場所である。紅茶一杯の平均価格は十セント、もしくは二杯分のポットで二十五セントで、砂糖、クリームまたはレモン、湯が含まれている。ニューヨーク市だけで二百箇所のティー・ルームがあり、アメリカ全体では二千四百から二千五百のティー・ルームとティー・ガーデンがある。

ニューヨーク、リッツ・ホテルの
アフタヌーン・ティーコーナー
［W.H.Ukers『All About Tea』1935より］

都市では、社交的人々が主要ホテルのレストランにアフタヌーン・ティーのために足繁く通っている。これらの場所のほとんど全てで、紅茶、緑茶、ウーロン茶を出している。ニューヨーク社会は、最高級ホテルにおける洗練されて静かで豪華な環境でアフタヌーン・ティーを楽しんでいる。ウォルドーフ・アストリア、リッツ・カールトン、サヴォイ・プラザでの茶の価格は五十セントである。セント・リージスでは四十五セント、アスターでは二十五セントである。ランペルメイヤーでは四十セントである。ティーバッグが使われるのが普通であるが、ランペルメイヤーは例外である。グラマシー・パークのあるホテルは、「午後三時から五時までと夜八時から十二時まで、町を見渡す十七階のサンルームで、お茶を提供します」と宣伝している。これは、オセアニアからの訪問者には魅力的なことのはずである。

この国中の最高級ホテルで、個人に茶を出すサービスが提供されている。その料金は平均して一杯二十セントか、二杯用のポットで二十セントで、砂糖とクリームかレモンが含まれている。ティーバッグが一般的である。シュラフツのようなチェーン・レストランでは、茶一人前はポットあたり十五セントである。チャイルズでは、十セントである。これらの場所ではどちらでも、砂糖とレモンまたはクリームが含まれている。エンパイア・ステート・ビルの八十六階にあるファウンテン・アンド・ティー・ルームでは、ポットあたり二十セントである。ニューヨークの「ジプシー」ティー・ルームでは、茶にシナモン・トーストかケーキがついていて五十セントで、「あなたのティーカップから無料で得られる本当の幸運」と言っている。

ドイツ・フランス・ロシアの習慣

ドイツはまだ、茶を飲む習慣をもっていない。五時の茶は、非常に限られた人々の間でしか行われていない。一般的に言って、コーヒーが午後の飲み物として好まれていて、茶は夜の食事とともにとる。

フランスでの喫茶は、ブルジョアに限られている。貧困階級は、安く大量に手に入れることのできるワインの方を好んでいる。フランスにおけるイギリス人、アメリカ人、ロシア人の大規模な居留地、特に流行に敏感なリヴィエラでは、フランス人の一人あたり消費量を押し上げるのに貢献している。茶葉は、中国、インドシナ、英領インド諸島からもたらされている。

フランスでは、茶葉がイギリスと同じくらいたくさん使われている。ティーバッグの利用は一般的ではない。茶の時間は午後五時から六時の間で、イギリスよりやや遅い。これは、フランスではディナーの時間が遅いという事実によるものである。

ホテル、レストラン、カフェでのアフタヌーン・ティーは、普通ミルク、砂糖、レモンとともに出される。茶に添えられる常に楽しみなフランスのパン菓子類が、二杯目をおかわりする傾向を招いているのかもしれない。

パリッ子の「五時の茶」は控えめに始まった。そして、ブラザーズ・ニールがリヴォリ通りにある現在W・H・スミス・アンド・サンズとなっている文房具店で、カウンターの端の二つのテーブルで茶とビスケットを出し始めた一九〇〇年のその日以来、しだいに発展してきている。それ以降、アフタヌーン・ティーはパリの最上流階級の間で、着実に重要性を増してきている。ティー・ルームは現在、このフランスの首都で、カフェやレストランと同じくらいの数になっている。デパートは「五時の茶」を庶民的なものにしてきた。茶はまた、ブローニュの森のレストランで、戸外で楽しむこともできる。

三フランから十フランのアフタヌーン・ティーは、一つ一フランのケーキがついていて、四時半から六時半までの間、以下のような人の集まるところのどこでも楽しむことができた。リッツ、ランペルメイヤー、コロンバン、シロズ、クリヨンホテル、ミラボー、カールトン、クラリッジズ、ヴォルネイ・チャタム、プレ・カテラン・レストラン、レカミエール、セヴィリアのマルキーズ、ピアン、コンパーニエ・アングレース、W・H・スミス・アンド・サンズ、カードマー、イグゼ、ドヴェ、モ

パリのリヴォリ通りにある「5時の茶」発祥の地

ンタベール、リヴォリ、そしてブリティッシュ・デアリー。

　ソヴィエト・ロシア国民は現在、中国、日本、セイロン、インド、グルジアの茶を消費している。「ロシア・ティー」は、長年ロシアに輸入された中国の茶を意味していた。この飲み物は、サモワールでわかした湯で作る。サモワールというのは、大きくて上品な、銅、真鍮または銀の湯沸かし器で、中心に直立して金属のパイプがとおっており、この中に炭を入れて熱するもので、通常四本の足と小さな火床に分解できる。上には、皿のような形をした容器があり、その上にティーポットを置き、湯気の立ち上る壺の上でティーポットが熱したままになっているのが普通である。そのポットを使って、背の高いグラスに湯を注ぎ、それでロシア流に茶をいれる。

　サモワールをテーブルに持ってくる前に、サモワールに水を入れ、火をつけた木片と炭を直立したパイプにいれ、炎を引き出すためにさらに上にパイプを余分におく。炭が安定して燃え上がり湯が沸いている時には、四十杯余りの元気の源がこの部屋に生み出され、もてなし主の夫人の右手で銀のトレーの上に置かれる。

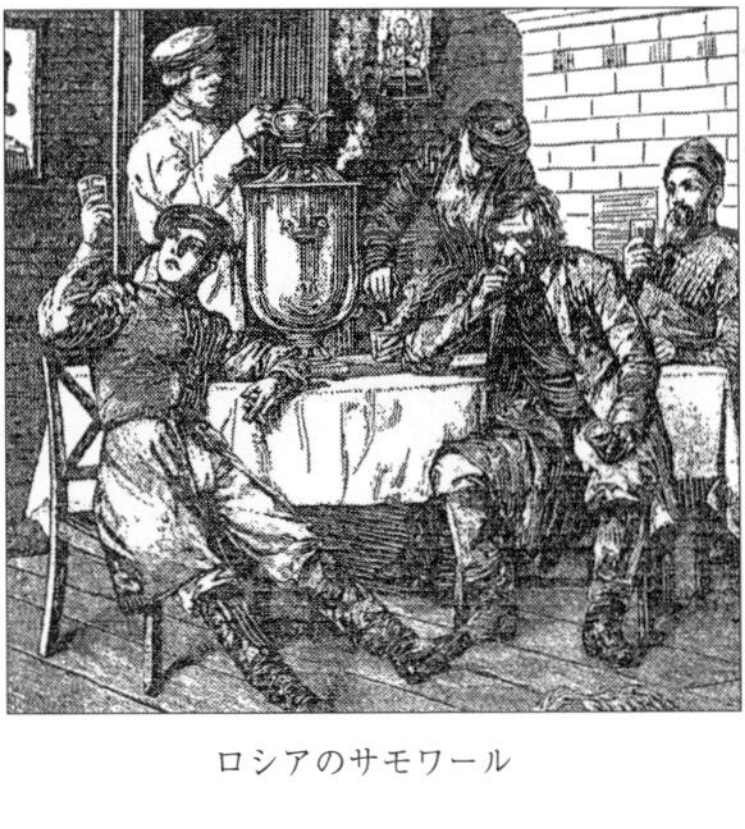

ロシアのサモワール

ロシア人が茶のために集まると、もてなし主はテーブルの一方の端に腰掛け、その夫人がもう一方の端でサモワールに責任を持つ。茶は小さなティーポットで作られ、それがサモワールの上に置かれる。茶が十分な濃さに抽出されるとすぐに、夫人はポットから茶を一つ一つのカップに四分の一ほど注ぐ。そして残りの四分の三はサモワールから沸騰した湯を注ぐ。グラスには、アメリカのソーダ・ファウンテンで使われているのと似て、銀のホルダーと取っ手がついている。レモンが手に入る時にはいつも、一杯の茶に一切れのレモンを添え、ミルクやクリームは用いない。客一人一人に、小さなガラスの皿にのせたジャムと、砂糖用の小皿を出す。テーブルにおかれた鉢には大きな角砂糖が入っている。客たちは中央の砂糖鉢から砂糖挟みを使って自分で砂糖をとり、それから銀のニッパーで角砂糖を小さくくだく。農夫は滅多に砂糖を茶に入れず、茶を一口飲む前に直接口に砂糖を入れる。レモンの代わりに一匙のジャムを茶に入れることも珍しくない。冬にはラム酒を一匙、インフルエンザの予防として加えることもある。

茶を楽しむロシアの農夫

三世紀にわたる茶の目利きとして、ロシア人は他のすべての民族と茶の飲み方が異なっている。たいてい彼らは一日に一度しかたっぷりした食事をとらない。彼らの朝食は軽いもので、パンと茶からなる。しかし、夕食と昼食は一度の大きな食事で兼ねていて、三時と六時の間に食べる。それ以外の起きている時間を通して、手に入る限りはいつも茶を飲んでいる。

ティー・ルームは、ロシア語でチャーイナヤと呼ばれているが、市にも町にも村にもたくさんあり、昼夜を通していつでもひいきの客でいっぱいである。ロシア・ティーはいつもグラスから飲むとは限らない。地域によっては、カップや大きなマグカップが使われる。

今日のロシアを訪れる旅行者は、列車でソヴィエト当局によって無料で出される早朝の茶とラスクに感動する。また同様に、列車が駅に止まるたびに駅の大きな湯沸かし器から、無料で提供される茶用の湯をもとめて現地の人々が殺到する様にも感銘を受ける。

ヨーロッパの他の国々では、それほど茶を飲む人が多くない。しかし、オーストリア、ハンガリー、ベルギー、チェコスロヴァキア、デンマーク、フィンランド、ギリシャ、イタリア、ノルウェイ、ポーランド、スウェーデン、スイスといった国々で、上流社会と最高級ホテルで五時の紅茶を飲むことができる。

アジアの国々

シベリアでは、中国産の固形状の茶も固められていない茶も、ロシアの様式にしたがって飲む。モンゴル人と他のタタール民族は、粉末状にした磚茶《たんちゃ》から一種のスープを作る。彼らはそれを大草原のアルカリ性の水と塩と脂肪でわかす。そしてそれを濾して、ミルクとバターとローストした食事に混ぜる。

韓国では主に日本の茶を消費している。沸騰した湯の入ったやかんに茶葉を入れて茶をつくる。生卵と餅が茶とともに出される。卵は茶をすする合間に飲み込む。餅は卵を飲み込んだ後で食べる。

インドシナの土地の人々は、中国式の方法で茶をいれ、繊細な香りのするものよりも、濃く苦い茶を好む。

ビルマで現地の人々が製造し消費する茶は、レットペット、もしくは塩漬けの茶である。油に浸してサラダとして調理され、ニンニクと、しばしば魚の干物を加える。新婚夫婦は、幸せな結婚を保証するために、油につけた茶葉の混合物を一つのカップから飲む。

タイの人々は、自国産のミヤング、もしくはシャム・ティーを大量に消費する。彼らはこれを、塩やその他の調味料と一緒に噛む。

英領インドでは、茶特別税委員会の根気強い努力のおかげで、地元住民の間で喫茶が習慣になりつつある。彼らは、最も安い茶葉と茶の粉末しか買わない。しかし、どこの市場や駅に行っても、現在では茶売店がある。また、町中で通行人に茶を売る売り子もいる。イギリス人の住民は最高品質のインド茶を使い、セイロンとジャワから少量の茶葉を輸入している。

インドの藩王国であるカシミールでは、泡立て茶と苦茶（もしくは「チャ・トゥルチ」）が好まれている。後者は、錫めっきをした銅のポットで沸かし、赤い灰汁とアニスの実と少量の塩を加える。泡立て茶は、苦茶をミルクで泡立てたものである。

クリーム・ティー（もしくは「ヴマー・ティー」）は、トルコ人の生み出したもので、しばしばカシミールで見られる。この茶には、紅茶だけが使われる。この茶は、錫めっきをした銅のポットでわかし、通常の茶よりもずっと濃く煎じる。沸かしている間、もしくはティーポットに注いだ後で、クリームを加える。パンを細かくちぎってこの飲み物に浸す。

昔も今も、チベットの人々にとって、わかして泡立てたバター茶は常に好みの飲み物である。チベット人は誰も、一日に少なくとも十五杯から二十杯は飲むし、中には七十から八十杯飲む人もいる。

平均的なセイロンの村人は、カップまたは茶碗に入れた茶を味わう。ミルクなしに飲むが、少量の砂糖を入れるか、またはシャッガリーを入れることの方が多い。シャッガリーは、ヤシから作られる粗糖である。労働者階級・貧困階級がひい

バター茶を作るチベットの人々

きにしている茶売店では、一日の始まりに濃い茶の抽出液が作られ、売店主はこれを一カップに一匙いれて、それを沸騰した湯で満たす。外国人の住民は、セイロンで育てられた良質の茶を用い、インドやジャワの茶も輸入している。

イランでは茶が国民的飲み物である。現地の人は、肉や野菜がなくても生きられるが、茶は毎日七杯か八杯飲まずにはいられない。国内で育てられる茶では地元の需要に不足するため、七十五パーセントがインド、中国、ジャワからの輸入であり、そのほとんどが緑茶である。

バグダッドの茶売り
［W.H.Ukers『All About Tea』1935 より］

アラビアでは、喫茶の習慣は広まりつつあり、イランと同じく緑茶が主に求められている。すべてのコーヒー・ハウスで一テーブルが茶のためにとってある。そのテーブルの引き出しには、貴重な茶がしまわれており、それとともに砂糖とそれをくだくハンマーも入れられている。大都市には、ムーア式に建てられた壮麗なティー・ルームがある。これらの場所で出される茶とケーキは、ロンドンやパリやニューヨークのもっと大きなティー・ルームで出されるものと同じくらいおいしい。

トルコでは、街頭の物売りがロシア式の方法で茶をいれ、それをグラスで出している。彼らの用具は、真鍮のサモワールと、茶の缶、薄切りレモン、グラス、スプーン、皿をのせた持ち運びできるテーブルである。ヨーロッパ式のティーポットも、茶のいれ方について異なった考えをもって時たま訪れる西洋人のために、持ち運んでいる。

ソヴィエトのブハラでは、現地の人々が茶を小さなバッグに入れて持ち運んでいる。喉が渇くと、最寄りのティー・ブースを探し、その店の人に自分のためにその茶をいれてもらう。これらの店で茶を購入することは滅多にない。こうした店は何千もあり、店主は湯代と、茶をいれる腕に対する料金だけを払ってもらう。朝食には、ミルク、クリーム、または羊肉の油で香りをつけた茶を飲み、茶の中にパンをひたす。飲んだ後で茶葉を食べるのが、ブハラ人の習慣である。

モロッコでは緑茶が好まれていて、身分や仕事

アルジェのティー・ルーム
［W.H.Ukers『All About Tea』1935より］

メキシコ・シティの有名なティー・サロン
［W.H.Ukers『All About Tea』1935より］

にかかわらずすべてのムーア人になくてはならないものである。ムーア人は茶をグラスから熱いまま飲む。砂糖をたくさん入れ、ミントの強い香りをそえる。

アルジェリアで消費される茶のほとんどは中国産である。ヨーロッパ人たちはイギリスとほぼ同じやり方でいれるが、現地の人々はミントと大量の砂糖を入れて茶をいれる。

エジプトでは茶をイギリスと同じようにいれるが、現地の人々はグラスにいれて砂糖だけを加えて飲む。五時の茶は、外国人居住者とヨーロッパ化したエジプト人の間で習慣となっている。

南アフリカ連合で好まれている茶は、セイロンとインドのもの、地元ナタール産のもの、そして少量のオランダ領インド諸島産のものである。茶を飲むのは午後と食後だけでなく、早朝の起床時と十一時にも飲む。茶のいれかたはイギリス式である。

中央アメリカ諸国では、喫茶は外国人居住者だけが従っている異国風の習慣である。

メキシコで消費される茶は、量の多い順にアメリカ、中国、イギリス、英領インドから輸入されている。現地人のほとんどは、コーヒーを飲んでいる。茶を飲むのは、外国人住民と、少数の上流階級のメキシコ人である。メキシコ・シティでは、多くのレストラン、ティー・ルーム、クラブでアフタヌーン・ティーを出す。

南アメリカ諸国では、茶を飲むのは主に外国人住民か上流階級である。下層階級の現地人たちは、ほとんど皆、コーヒーかマテ茶の方を好む。

第6章

茶と芸術

絵画に描かれた茶

飲み物としての茶は、多くの国で芸術家や彫刻家にとってインスピレーションの源であった。同様に、西洋のティーテーブルと東洋の儀式的な茶は、陶芸家と銀細工師を鼓舞して、最初は厳密に実用目的だったものから、最高の偉業へと導いてきた。

オランダ人は茶をヨーロッパにもたらした時、それとともにかわいらしい中国のティーポットと、繊細で壊れやすいティーカップと、茶を入れておくための装飾瓶も持ち込んだ。ヨーロッパの陶芸家と銀細工師は、輸入したこれらの陶磁器の値段の高さに惹かれて、最高の芸術性を備えた食器に対する急速に高まりつつある需要に応えるために、それらにそっくりなものを作り始めた。

茶を主題とした昔の中国の絵は珍しいが、大英博物館に

リオタール《ティーセット》1781-83年、J.ポール・ゲティ美術館蔵

《皇帝のために茶をいれる》と題した絵がある。これは、明朝（一三六八～一六四四）の芸術家、仇英《きゅうえい》によるものである。茶を主題とした中国の絵画で最もよく保存されているのは、十八世紀の作品で、茶の栽培と製造の情景を描いたものである。これらの絵には、種を蒔くところから最終的に茶箱に詰め茶商人に売るところまで、茶葉に関する仕事のすべての段階が一つ一つ描かれている。

日本の絵画芸術は、主に中国に起源をもっているが、主題の扱いに全くの独創性を発展させてきた。中国の芸術との類似性は、気高い簡素さをもった宗教画に最もよく見られる。それは、仏教が日本に来た後にいくらか新しい方向で発展して出てきた、ある特定の時代の仏教の産物である。その一例として、高山寺の宝物の一つである明恵上人像がある。これは、京都国立博物館に保存されてきた。明恵上人は、宇治に最初の茶を植えた人物で、この絵の中では不死の象徴である松の木立の中で座って瞑想している姿が描

「茶のできるまで」を描いた中国絵画、18世紀
（デヴォンシャー、サルトラムにある中国風に装飾された寝室の壁紙）

かれている。

私が日本を訪れた時に贈られた珍しく貴重な巻物は、絹に絵が描かれているもので、歴史的な「茶道中」に関連した十二の風景が描かれている。

日本の芸術家たちは、茶の製造過程を示す多くの風景を、未来の世代のために残している。十九世紀の芸術家上林清泉による一連の表装されていない彩色画は、大英博物館に収蔵されているのだが、「茶製造の過程」を示している。これらの絵は、絹に墨で描かれ彩色されているもので、自然から選んだモチーフが圧倒的な興味をひく。それは、十八世紀の浮世絵画家西川祐信《すけのぶ》の描いた《菊と茶》でも同様である。

ヨーロッパで最初の茶を主題とした絵は、今日では珍しい鋼板印画であった。これは、この中国の植物の初期の記述の挿絵として出版された。

十八世紀には、北欧とアメリカで茶が流行の飲み物とな

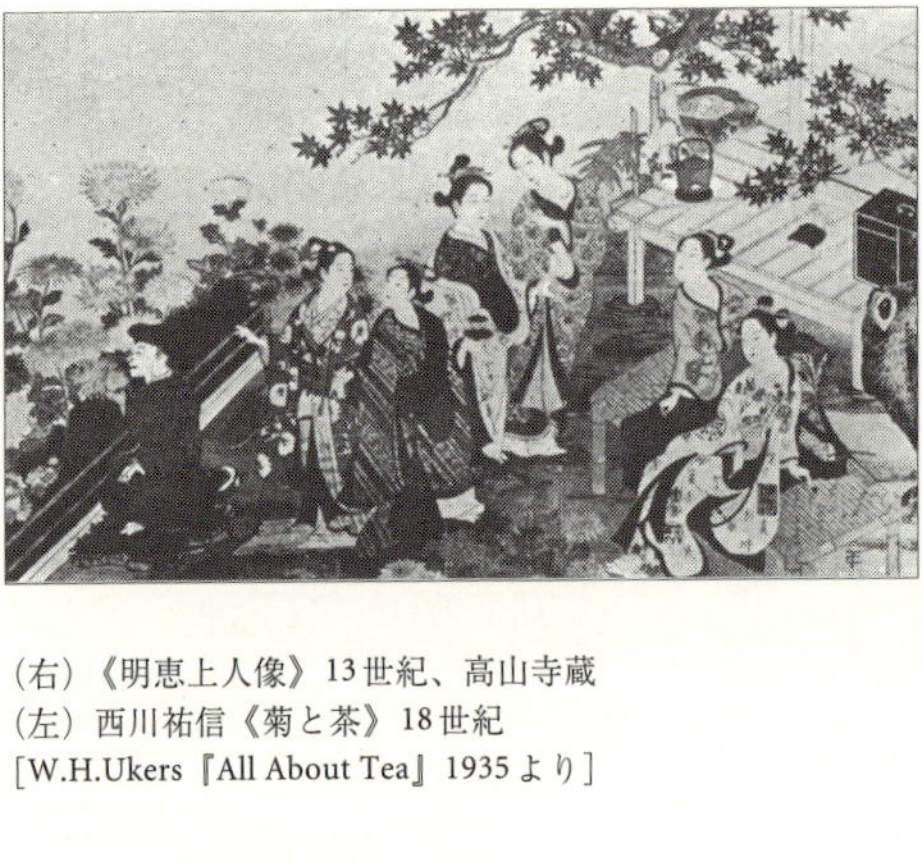

（右）《明恵上人像》13世紀、高山寺蔵
（左）西川祐信《菊と茶》18世紀
［W.H.Ukers『All About Tea』1935より］

っていたが、風俗画家がしばしば、この新しい環境で茶を飲む光景を描いていた。ウィリアム・ホガース（一六九七～一七六四）は、ロンドンで傑出した十八世紀の諷刺画家だが、著名なヴォクソール茶園のそばに住んでおり、部屋代のために多数の絵を描いていた。これらの絵の中に茶を主題としたものはないが、彼が初め油彩で描き、後に銅版画にした三枚の絵では、茶を飲んでいる光景と、当時使われていた小さなティーカップが描かれている。

フランスのすぐれた画家ジャン＝バティスト・シャルダン（一六九九～一七七九）は、ホガースが名声を築きつつあるのと同じ頃に、《お茶を飲む婦人》という絵を描いている。

十八世紀の茶愛飲家を描いた銅版画の見事な例を二つあげると、《コーヒーと茶》と《冷淡な人》がある。前者は、ドイツのアウグスブルクで出版されたマルチン・エンゲルブレヒトの『比喩的な内容の結果の収集』につけられた、

（右）ホガース《ウラストン家の肖像》1730年、レスター博物館蔵
（左）シャルダン《お茶を飲む婦人》1735年、グラスゴー大学ハンタリアン・アート・ギャラリー蔵

四角い枠に楕円形の蔵書票である（一七二〇～五〇）。後者は、ヨセフ・フランツ・ゲーツ（一七五四～一八一五）の絵にもとづいて一七八四年に同じくアウグスブルクでR・ブリヘルが彫ったものである。《冷淡な人》は、サミュエル・ジョンソン風の茶愛飲家で、陶製パイプを手にもち、ティーポットとカップをわきにおいており、そのうっとりした表情を見れば解放されてはるか遠くに想像が及んでいることがわかる。

ルーヴル美術館所蔵のオリヴィエ作《教会堂の大広間でのイギリス風茶会、若きモーツァルトに耳を傾けるデ・コンティ王子の宮殿》は、ルイ十五世時代の品位ある正式な茶会の様子をあらわしている。集った客たちが、十七歳の

（右）《冷淡な人》の蔵書票
（左）ゲーツ原画《コーヒーと茶》
［W.H.Ukers『All About Tea』1935より］

オリヴィエ《教会堂の大広間でのイギリス風茶会、若きモーツァルトに耳を傾けるデ・コンティ王子の宮殿》ルーヴル美術館蔵

ドイツ人の音楽の天才によるハープシコードの演奏を聴きながら、テーブルのまわりに集まって茶を飲んでいる。

ナサニエル・ホーン（一七三〇～八四）は、アイルランドの肖像画家であるが、一七七一年に描いた彼の娘の肖像画の中で、茶愛飲家のかわいらしい姿を残している。この若い茶愛好家は、きらめくサテンのドレスを身にまとい、肩には雪のようなレースのショールをかけ、頭のまわりに別のショールを流行の結び方で巻き、湯気の立ちのぼる取っ手のない茶碗を受け皿で持ち、ごく小さな銀のスプーンで優雅にかきまぜている。

ジョージ・モーランド（一七六四～一八〇四）の描いた《バグニッグの泉でのティー・パーティ》は、有名な娯楽園で戸外の茶を楽しむ家族のようすを楽しく垣間見ることができる。

ロンドンの画家エドワード・エドワーズ（一七三八～一八〇六）は、オックスフォード通りのパンテオンのボック

（右）ホーン《娘の肖像》（1771年）による版画［W.H.Ukers『All About Tea』1935より］
（左）モーランド《バグニッグの泉でのティー・パーティ》大英博物館蔵

ス席で茶を飲もうとしているカップルを描いている。このキャンバス画は一七九二年の作品であるが、豪華に飾り立てたあだっぽい女性が同じようにきらびやかな出で立ちをしたしゃれ男の手から小さなカップと受け皿を受け取ろうとしている様子が描かれている。前景にあるむきだしのテーブルの上にあるトレーは、この当時の紅茶器セットの様子を際立たせている。その一方、後方の別の女性の姿は、この女性に思慮分別のある忠告をささやいているように見える。その他の茶を飲んでいる人々は、この建物の反対側のボックス席の中に見ることができる。

W・R・ビッグ（一七五五〜一八二八）による《田舎小屋の中》は、一七九三年の日付と署名があり、ロンドンのヴィクトリア・アンド・アルバート美術館に所蔵されているが、いなかの中年の主婦が、覆いのない大きな暖炉の前に座り、肘のところに小さなティーテーブルを置き、暖炉の自在かぎにかけられた鉄のティーケトルがチンチンと音

ビッグ《田舎小屋の中》1793年、ヴィクトリア・アンド・アルバート美術館蔵

エドワーズ《パンテオンでのお茶》（1792年）による版画

を立てている様子が描かれている。

スコットランドの著名な画家ダニエル・ウィルキー卿（一八〇五〜四一）の描いた《ティーテーブルの楽しみ》は、十九世紀初頭に茶を楽しんでいるイギリス人家庭の充実した満足感を描いている。

高速中国クリッパー船の有名なレースは、福州や他の中国の港からロンドンとニューヨークへその年の最初の茶を運ぶものであったが、その当時と現代の海の絵を描く画家たちによる数え切れないくらいの作品にインスピレーションを与えた。

ニューヨークのメトロポリタン美術館を訪れた人々は、そこに飾られている二枚の茶の絵を知っているだろう。それは、メアリー・カサットの《一杯のお茶》と、ウィリアム・M・パクストンの《茶の葉》である。

アントワープの王立美術館には、茶愛飲家のグループを描いている絵が多数ある。オレフの《春》、アンソールの

（右）カサット《お茶のテーブルにつく婦人》一八八五年、メトロポリタン美術館蔵
（左）カサット《一杯のお茶》一八八〇年頃、メトロポリタン美術館蔵

《オステンドの午後》、ミラーの《人物と紅茶器セット》、ポルティリェの《からかい》などである。

ロシアで第一次大戦前、庶民のための「チャーイナヤ」すなわちティー・ルームのある「庶民の宮殿」がウォッカ酒場に置き換わっていった様子を見て、芸術家A・コケルは《チャーイナヤ》という絵のインスピレーションを得た。この作品は、レニングラードの芸術アカデミーに飾られている。

漫画家の描く茶は、ほとんどいつも我々を楽しませてくれるが、とりわけフィル・メイの右に出る者はいないだろう。彼はロンドンの『グラフィック』や『パンチ』といった雑誌に作品を掲載していたが、有名なリプトンの絵は傑作である。その絵には、浮浪者のサンドイッチマンの前で仰天して立っている田舎の夫婦が描かれている。そのサンドイッチマンの看板には、「リプトン」と一語だけ書かれている。そして年老いた婦人は驚きの声で「あら、これがあの人なの？　きっとこの人は結婚していないわね」と叫ぶ。

日本の茶産業の父である栄西師のすばらしい木製彫像は、京都の建仁寺の建立者としてその寺を飾っている。

フィル・メイの風刺画
《トーマス氏はなにゆえ結婚できないか》

仏教の大師である達磨は、中国と日本の絵画と、かなり大きな彫像から子どものおもちゃまで様々な形の像で、頻繁に見ることができる。それらの像は、真剣な決意を示して高遠な表情をしているものもあれば、ユーモアのある扱いを受けているものもある（このようなものの数は多い）。達磨は、日本の玩具の原型であり、重石をつけてあるためにそのバランスを崩すことはできない。彼の驚くべき寝ずの祈りをユーモラスに扱う中で、根付彫り師たちは彼が大あくびをしている様を示している。両腕を頭の上にのばし片方の手で蠅叩きをつかんでいるか、仏のように座りながら温和に瞑想している肉体のかたまりとして、描かれている。尊敬の念があまりあらわれていないものとしては、巣にいる蜘蛛や、仏僧らしきところが全くない表情でかわいい芸者をながめているものなどがある。まじめに扱われている場合には、達磨は、短く硬い黒ひげをたくわえた浅黒いヒンドゥー人か、ひげのないぽっちゃりとした極東人と

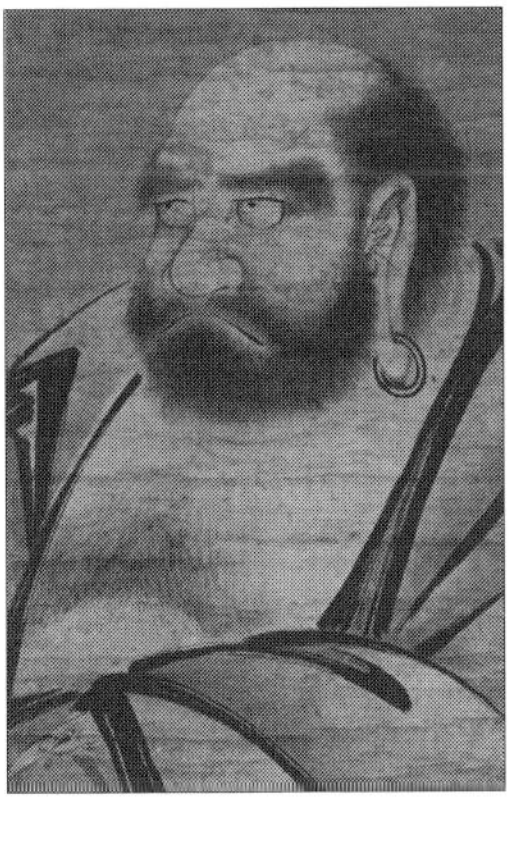

（上）達磨の根付け、大英博物館蔵
［W.H.Ukers『All About Tea』1935より］
（左）《達磨》桃山時代の掛け軸、大英博物館蔵

なる。伝説的物語に従って、彼はしばしば、葦船で揚子江を渡ったり、雑穀の軸や竹や葦で支えられて波の上に立っていたりする形で表現される。

音楽と茶

茶がコーヒーと同じインスピレーションを音楽家に与えて来なかったというのは、奇妙な事実である。バッハがコーヒーに対して行ったように茶の魅力を讃えるカンタータを書いた偉大な作曲家は、一人もいない。パリで上演された『メラとデフェーズ』のような喜劇オペラもないし、ブルターニュやその他のフランスの地方で、コーヒーを称賛するシャンソンのような軽快な歌は全く作られなかった。音楽が茶に対してしたことはせいぜい、東洋の茶摘み歌と西洋のごく少数の禁欲賛歌と様々なバラードくらいである。それらのバラードは、喜劇的なものもそうでないものもあるが、茶を称賛するというよりむしろ、社交的祝祭を扱っている。

中国と日本の茶摘み歌は、茶の摘み手（通常、子どもを含む女性）が最高の気分でいられるようにし、彼らの活動を刺激するのに役立つ。最近日本を訪れた時の公式の歓迎会で、三重県津市の学童が『茶摘み』という題の典型的な茶摘み歌を歌ってくれた。その歌の折返し句は、「摘めよ摘め摘め摘まねばならぬ　摘まにゃ日本の茶にならぬ」とあった。

イギリス人は、しばしば（と言っても珍しいのだが）、茶についての歌を歌う。十九世紀の禁酒運動は、そのような歌をいくつか生み出した。それらの歌は、「ティー・ミーティング」として知られている会で大熱狂のうちに歌われた。

『あずまやでのお茶』というタイトルのこっけいな歌があるが、これはJ・ビューラーによる陽気な旋律の歌で、一八四〇年頃に「フィッツウィリアム氏が歌って大絶賛を受けた」。ジョージ・クルックシャンクは、ディケンズの本のいくつかに挿絵を描いた有名な風刺画家だが、彼がその歌にユーモラスなカバー・デザインを描いた。

『茶に関する詩と散文』は、ピアノ伴奏付きのオランダ語での朗読用詩文で、終わりの部分に歌があるのだが、これは有名なオランダのシャンソン作者・歌手のJ・ルイース・ピソイッセとマックス・ブロクスルが一九一八年に蘭領インド諸島を訪れた時に作って披露した。

現代のアメリカの作曲家であるルイーズ・アイヤーズ・ガーネットは、『茶の歌』と題するソプラノのための魅力的なソロ小品を作詞作曲している。この歌の中では、はるか遠くの日本から来た「小さな褐色の

静岡の旅館で観た茶摘みの踊り
［W.H.Ukers『All About Tea』1935より］

クルックシャンクによる
茶の歌のカバー、1840年

女性」が、目の高いアメリカ男性に日本茶をふるまって楽しませている様子を歌っている。日本ではまた、芸者が踊る優雅な踊りの中で、茶を劇として表現してきた。

茶器の美術

陶芸家の技巧が最初に茶器に応用されたのは中国でのことであり、茶の発見と茶をいれるための芸術的な磁器を作るための材料と手順の発見とが同時に起こったことによって引き起こされた。「磁器」もしくは中国で「磁」として知られているこの硬くて半透明な上塗りをした器を作る材料と方法を発見したことに対して、世界中が中国人に恩義を負っている。この方面での彼らの成功は、唐朝（六二〇～九〇七）に始まる。しかし、明朝（一三六八～一六四四）よりも古い磁器の例はほとんど知られていない。ただし、江西省の江で発見された清朝（九六〇～一二八〇）の炻器《せっき》茶碗が、大英博物館に展示されている。

中国の陶磁器製造の主要な中心である南京の近くにある景徳鎮は、一三六九年に始まる。その年にそこで、宮廷のための高級な茶器を作る特別な目的で工場が建てられたのである。

陶芸の技術は中国から日本に広まり、そこで上塗りした炻器（しばしば途方もない値打ちのものがある）が茶の湯のための陶器として受け入れられた。しかし、日本では美しく芸術的な磁器の茶器もまた、製造され高く評価されていた。他の国々と同じように、日本は独自の陶磁器を持っていたが、芸術的には中国にはるかに後れをとっており、日本は中国から文化と芸術を得ていた。しかし、十三世紀の二つの出来事による刺激で事態は変化した。その二つの出来事とは、一つには日本で茶の飲用が広まったことであり、もう一つは加藤四郎左衛門景正、通称藤四郎が中国の陶芸を徹底的に学んだ後に中国から帰国したということである。加藤は瀬戸に居を構え、何世代にもわたる陶芸工が跡を継いで、瀬戸物生産の先祖代々の伝統を維持してきた。

しかし、日本の陶芸は十六世紀末まで、それ以上の進歩はほとんどなかった。十六世紀末には、秀吉の軍勢が朝鮮から帰朝する際に、それに伴って多数の朝鮮の陶芸家が日本に来た。ほぼ同じ時期に、千利休が茶の湯の儀式を確立し、それが日本の陶芸に多大な影響を及ぼした。茶の湯で使われる陶磁器には以下のものがある。抹茶の粉を入れておく小さな瓶、飲むための茶碗、洗うための器、茶菓用の皿、そしてしばしば、水さし、香箱、香炉、火口、一輪挿しの花瓶などである。細心の注意を払った心配りが、茶の利用のための陶芸品を生産する際に惜しみなく注がれた。偉大な茶聖の中には陶芸家も少なからずおり、彼らは自分の窯を持っていて、そこで茶器を作っていた。

桃山時代の茶道具（左から、楽焼茶碗、斑唐津焼壺、備前焼茶入れ）、ヴィクトリア・アンド・アルバート美術館蔵

それらの茶器は現在ではほとんど値がつけられないくらいの価値をもっている。
最も珍重されている茶の瓶は、古い瀬戸の炻器で、外観はほとんどもしくは完全に黒く、中には藤四郎の作とされるものもある。これらのものは、もともとの絹の包みと木の箱に入っていなければ、完全なものとは考えられない。

茶の湯の茶碗は、粗く小穴のある粘土の素地に、柔らかくクリーム様の上塗りがほどこされている。この材料は熱不伝導体としてはたらき、茶碗を一人一人の客の間でまわして飲んでもらう間、茶の温度を保っておくことができる。茶碗は手に熱すぎるほどにはならず、上塗りによって茶碗の表面は唇に快い感触を与える。そして、肌色から深く豊かな黒まで、様々な色をしており、蜜糖のような上塗りはすばらしい色と深みを添えている。

著名な茶碗に楽焼きのものがある。これは、偉大な茶人である利休の意匠にならって、京都の陶芸家長次郎によって最初に作られた。最も極端な趣の茶碗は、全く装飾がないことを求めるが、仁清などの名工が究極の簡素さで飾った顕著な作品例もある。特に価値の高い装飾のない茶の湯の器の中には、萩焼として知られているものがある。これは、長門の国の主要な町の名前に由来している。

その他の値打ちが高く人気のある日本の茶に結びついた芸術的な器には、松本で作られる真珠色をしたひび焼、加賀の陶器、高取焼、膳所焼、古田織部や志野宗信と言った著名な茶人の名前をとった作品、オランダ、フランス、イギリスで模造品が数多く作られている有田焼と伊万里焼などがある。

オランダ人は、最初の茶とともに、中国の優美なティーポットとティーカップをヨーロッパに持ち帰った。そのすぐ後に、ヨーロッパ大陸の陶芸家たちはそれらを真似て、ファイアンス焼として知られている錫を上塗りした装飾土器を作り始めた。十七世紀のデルフト焼は、美しい装飾をほどこしたファイアンスで、オランダの芸術家たちは中国の青白色の磁器の色と魅力をうまくとらえている。

十七世紀半ば頃に茶器セットがあらわれると、多くのフランスとドイツのファイアンス製造者たちが、中国のティーポットやその他の茶器に似たものを作ることに注意を振り向けた。デンマーク、スウェーデン、ノルウェイといったスカンジナビアの陶芸家がそれに続いた。これら初期のヨーロッパのティーポットの例は、現存する収集品の中に保存されている。

一七一〇年頃に、ドイツのマイセンの有名なベトガーが、中国と日本以外の国で最初の、本格的な磁器製のティーポットとティーカップを作った。彼の工場は一八六三年まで存続し、そこで作られる器は、工場があった場所はマイセンだったのだが、ドレスデン磁器として広く知られた。オランダ、デンマーク、スウェーデンがこれに続いて、ドイツ式の茶器セットを生産した。ヴァンセンヌとセーブルのフランス人は、半透明のガラス質の独特な磁器を開発した。これは日本の伊万里焼の茶器セットを完璧に模倣したものである。

悪名高いポンパドゥール夫人は、芸術コレクションとして保存されてきたティーテーブル用の品々に見られる美しいデザインのいくつかに影響を及ぼしてきたと言われている。いくつかの作品の地の色として使われている美しい色合いのバラ色は、彼女を讃えて彼女の名をつけられている。

英国で作られた最初のティーポットは、一六七二年頃にフラムの先駆的陶芸家ジョン・ドワイトが作ったものである。それらは、中国の素焼きのティーポットを模して作った赤い炻器だった。彼はまた、テーブルや棚におく鼈甲やめのうの多彩な器も作った。

それに続いて、イギリスのファイアンスにオランダの作品を真似たものが出てきた。エラーズとホィールドンによる、スタフォードシャーの塩を上塗りしたイギリスのクリーム色をした陶器がその一つである。また、かわいらしいイギリスの磁器でオランダの作品を模倣したものとしては、ストーク・アポン・トレントのスポード、ミントン、ウェッジウッドの作品や、ロングポートのダヴェンポートの作品、さらには、有名なウスター、スタフォードシャー、ローストフト、チェルシー、コーリー、コールポート、スワンシーの製品もある。

伝統的な中国の青と白の柳模様は、シュロップシャーのコーリーで一七八〇年頃に作られた磁器に始まると考えられている。柳模様はその後すぐに、スタフォードシャーやイギリスのその他の地域の工場で移住彫刻家たちが模倣した。この柳模様に関しては、語り手によって細部は異なるがその主題

素焼きの中国製ティーポット
ヴィクトリア・アンド・アルバート美術館蔵

は保たれている一つの物語が語られている。それは、コンセーと彼女の恋人であるチャンとの伝説である。

コンセーは、裕福な官吏の美しい娘で、柳模様の中央に描かれている二階建ての家に住んでいた。この家の背後にはオレンジの木がある。柳の木が橋の上に枝を伸ばしている。コンセーは、父親の秘書であるチャンに心を奪われていた。しかし、誇り高い官吏である父親はこれに激怒し、チャンに家に近づかないよう命じた。さらなる用心として、彼はコンセーを裕福だが放蕩な老大公と婚約させた。そしてこの父親はチャンとコンセーを引き離しておくために柵を立てた。これは柳模様の絵の前景を横切って描かれている。彼は娘に、小川で囲まれた庭園と茶室でしか自由を許さなかった。

恋人のチャンは、愛する美しい女性にあてて、愛と献身のことばをココナツの殻に入れてその小さな小川に浮かべて流した。コンセーが憎むべき婚約者に初めて会った夜、この婚約者は彼女に宝石箱を贈った。来客たちのもてなしが済み、大公が酒に酔った時に、チャンは物乞いを装って宴会の場に忍び込みコンセーに

有名な柳の模様（ウェッジウッドによる複製）

自分と一緒に逃げるよう合図を送った。三人の人物が橋を渡っている光景が柳模様に描かれている。それは、処女性の象徴である糸巻き棒を持ったコンセー、宝石箱を持ったチャン、そしてむちを振り回している老官吏である。

チャンは小舟を取りに行っている間、コンセーを小川の向こうの家に隠しておいた。彼女の父親の番人たちが近くまで来たまさにその時、この二人の恋人たちは小舟をこぎ出した。この小舟は柳模様に示されている。舟は、柳模様の左上に描かれている島へと流れを下って行った。ここで二人は、コンセーが手伝いながら家を建て、チャンはこの土地を立派に開墾した。この様子も柳模様に見ることができる。地面一帯にすきで溝がつけられ、隅々まで利用している。ごく狭くて細い土地でさえも、川を埋め立てて開墾している。

彼らはとても幸せで、チャンは著名な物書きになっている。しかし、彼の名前がついに大公の耳に届き、大公は自らの兵にチャンを殺害させた。コンセーは絶望にうちひしがれ、家に火を放ち焼け死んだ。神は大公に災いをもたらし、その一方でチャンとコンセーの魂を気の毒に思って、貞節の象徴である二羽の不死のハトに姿を変えさせた。これは柳模様の上部に描かれている。

アメリカでは、イギリスの方法に基づき、最初はイギリスの陶芸家によって、独自の陶磁器製造業が発展した。こうして、ニュージャージー州のトレントンとフレミントン、オハイオ州のイースト・

リヴァプールとゼインズヴィルとシンシナティ、ニューヨーク州のシラキュースに、工場が設立された。これらの工場集積地ではみな、陶器の茶器や食器がイギリスの最高の伝統にしたがって作られてきた。また、芸術的な作品を作ろうと個人で骨を折っている人もいる。

ヨーロッパで最初のティーポットは磁器であったが、銀細工師がやがて、ティーポットやティースプーンなどの茶器セットの品々を銀でデザインし始めた。最初の銀製ティーポットは、純銀だった。めっきしたポット（中には非常に装飾的なものもある）が出てくるのは、一七五五年から六〇年のことである。

イギリスの銀製品の中で、十八世紀に作られたものが最も興味深い。それらは、他のどの時代のイギリス銀器よりも高品質なできばえで、アメリカ入植地に輸出されたイギリスの銀食器が最も多かったのはこの時代である。

銀製ティーポットの初期の例の大部分は、茶が当時稀少で高価だったため、小さなものだった。現存しているものは、簡素なデザインで、手提げランプか洋梨の形をしていた。最も古いものは、一六七〇年にまでさかのぼる手提げランプ型のものだが、芸術的デザインは全くな

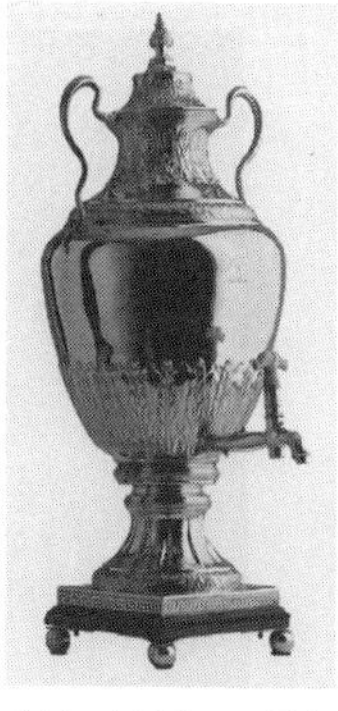

（右）イギリスで最初の銀製ティーポット、1670年、ヴィクトリア・アンド・アルバート美術館蔵
（左）1769年にイギリスで作られた銀製の紅茶わかし器

く、完全に装飾はなく、実質的に初期のコーヒーポットと同じ形をしていた。

洋梨型のティーポットが最初に登場したのは、アン女王の治世（一七〇二〜一四）のことだが、それ以後完全に流行遅れになることは一度もなかった。私たちが知っているアメリカのティーポットで最古のものは、このタイプのものである。それは、ニューヨークのメトロポリタン美術館のクリアウォーター・コレクションに含まれているもので、ボストンのジョン・コニー（一六五五〜一七二二）の作ったものである。これと同じ洋梨型の輪郭をした飾り気のないティーポットは、ジョージ一世の時代（一七一四〜二七）まで一般的だったが、ジョージ一世の治世の晩年には、フランスで当時広まっていたロココ様式で浮き彫りを施した装飾が見られるようになってきた。

十八世紀初期から一七七〇年代半ばまでは、鋳型で作った脚のある球形の胴体のものが好まれていた。初期のものでは、注ぎ口はまっすぐで先が細くなっていた。この形のポットで後のものは、優美に先が細くなっていて曲線を描いている鋳造した注ぎ口があった。取っ手は、初期の銀製ティーポットと同じく、木製が普通だったが、象牙を熱不伝導体として挿入した銀製のものも少数あった。それは、アン

ボストンのジョン・コニーによる18世紀初めの銀製ティーポット(ティーポットの高さ約18cm)、メトロポリタン美術館蔵

一七七〇年から八〇年頃には、グラスゴーの銀細工師が新しい形のものを創作した。それは、アン

女王時代の洋梨型のものを逆さにしたような形で、上にいくほど大きくなっていた。彼らのポットは、浮き彫りの図案で装飾が施してあり、ロココ様式をほのかに暗示していた。これと同じ時代に、簡素さが美しい銀のティーポットを好むはっきりした動きが見られた。それらのティーポットは、八角形か楕円形で、側面は真っ直ぐに直立し、底面は平らで、注ぎ口は真っ直ぐで先が細く、取っ手は渦巻き型で、蓋はわずかにドーム型に盛り上がっていた。

茶の値段が極端に高い時には、それに伴って茶葉を入れる缶に対する需要が広まった。茶葉の価格が一ポンドあたり六から十シリングの時には、茶葉を厳重に、しばしば小さな銀の缶に茶の種類別に保管しておいた。時には、銀の取っ手と錠板と繊細な浮き彫りを施した隅金具

銀製のティーセットを使うイギリスの家族
1727年頃、ヴィクトリア・アンド・アルバート美術館蔵

で装飾された箱に入れられていた。

美しい缶は、当時広まっていた流行に概して従っており、あらゆる様式と形のものが見られる。多くは、きゃしゃで絶妙なできばえで、ことばだけではとても正当に評価できるものではない。それらはほとんど十八世紀にさかのぼるもので、その時代は銀細工の最盛期だった。

ティースプーンは、スプーンの歴史の中で単なる小さいミニチュアにすぎないが、それが登場した時に流行の後押しを得ていたために、スプーンという家族の中で特別優遇された子どもになった。それは十七世紀と十八世紀の銀細工師が注意深く作り、大規模コレクションには決まって数千の美しいティースプーンの作品が含まれている。茶缶のスプーンは、十八世紀には一般的に用いられていた。それらは幅広でずんぐりした形のものから、ザルガイの貝殻や木の葉の形をしたものまで多様で、すべて上品な銀で繊細な彫り物が施されていた。取っ手は、時には木製、時には象牙であったが、それよりも銀製のことの方が多かった。

銀器のデザインにおける流行は、周期的に循環してきた。十九世紀末には装飾が好まれていたが、

茶葉を入れる美しい缶
ヴィクトリア・アンド・アルバート美術館蔵
［W.H.Ukers『All About Tea』1935より］

今日では簡素なデザインの方が好まれるようになっている。時代ものの茶器セットに見ることができる様々な様式には、エリザベス一世女王時代、イタリア・ルネサンス、スペイン・ルネサンス、ルイ十四世時代、ルイ十五世時代、ルイ十六世時代、ジェームズ一世時代、アン女王時代、ジョージ一世時代、ジョージ三世時代、シェラトン様式、コロニアル様式（ポール・リヴィア）、ヴィクトリア様式などがある。現代の銀器には、アン女王の時代に作られたと考えられる優雅な曲線と幅広く簡素な表面の銀器や、私たちの時代の多彩なポール・リヴィアの直線と楕円形のものを見ることができる。

文学と茶

文学は、新しく実り多いテーマを茶に見いだすことができた。昔の中国と日本の論評に始まって、現在まで千二百年にわたる期間絶えることなく、きら星のような著述家たちが、時には茶に反対の論もあるが大部分は茶を擁護する形で、茶について多様な角度から記してきている。

私たちは茶の発生についてわずかしか知識がな

ポール・リヴィアによる1790-1800年頃の銀製ティーセット（ティーポットの高さ15.6cm）、メトロポリタン美術館蔵

いが、そのすべては中国の文学によってもたらされたものだ。日本の文学からは、茶が一つの儀式にまで高められた歴史を知ることができる。そして西洋の文学からは、世界で最も偉大な非アルコール飲料の一つとして茶が選ばれていく経過について、それに付随する多数の情報を得ることができる。

茶という新しい飲み物が広まるのと同時代に印刷術が発明されたという幸運があったために、茶に関する初期の著作が多く保存されることができた。書物は唐朝（六二〇～九〇七）の間に冊子の形に製本されるようになった。この時代以前は、巻物のみが使われていた。陸羽による茶の古典である『茶経』は、唐時代に公刊された。

陸羽に関連した魅力的な神話は数多くある。中国の学者の中には、そのような人物が実在したかどうかということに疑問をさしはさむ者もある。彼らの説によれば、陸羽のものとされているこの本は八世紀の一人または複数の茶商人が書いたのかもしれないし、茶商人がある学者を雇って書かせたのかもしれず、それを後に陸羽のものだということにして、陸羽が中国で茶をひいきした聖人として知られるようになったのだ、ということである。

『茶経』によると、「茶の効果は、気を静めることである。飲料としての茶は、自己抑制があり行状のよい人々によくあっている」。ジョンソン博士は、一七五六年の茶に関する大論争で、ジョーナス・ハンウェイにこの一行を浴びせかけるべきだったのかもしれない。さらに陸羽は読者にこう警告している。「一杯目と二杯目が最もよく、三杯目がその次によい。喉が極端に渇いている時以外は、四杯目と五杯目は飲むべきでない。」

古代中国の文学には、茶についての話がたくさんある。典型的なのは、中国の将軍李智静と陸羽についてのものである。李将軍は、湖州への途中で揚州を通り抜けようとしている時に、南嶺と長江が接するところの近辺で、この著名な茶人に会った。「南嶺の水は茶をいれるのにこの上なく結構だと聞いたことがある。陸氏は国中に知られた茶の専門家だ。千載一遇の機会を逃してはならない」と李は言った。そして彼は、忠実な兵数人を南嶺に水を汲みに行かせ、その間陸羽は茶をいれる道具を用意した。

李の兵が水を持ち帰ると、陸羽はひしゃくで汲み流し、即座に「これは南嶺の水ではない」と言った。彼はその水を鉢に注がせ、約半分が注がれたところで、突然注ぐのを止めるよう命じた。彼は再びひしゃくで水を汲み流し、残りは本物の南嶺の水だと言った。水を汲んできた兵たちは大層驚き、告白した。最初その容器を南嶺の水でいっぱいにしたのだが、揺れる小舟を漕いでいるうちに半分がこぼれて失われてしまい、もしこんなに少ない水しか持ち帰らなかったら主人が憤怒するのではないかと恐れ、岸辺近くの別の水でその壺を満たした、と。

茶は日本人の社会生活と宗教生活の中で最高の地位を占めているため、日本の文献には、期待通り、茶についての言及がたくさん見られる。現存する最古のものの一つは、歌人藤原清輔（一一七七年没）の書いた『奥義抄』に見られる。また、当時最高の文人であった菅原道真が一五五二年に編纂した古代日本の歴史書『類聚国史』には、茶についての重要な言及が見られる。

もっぱら茶について書かれた最初の日本の作品は、栄西師の書いた二巻本『喫茶養生記』である。学を修めた禅師である栄西は、「茶は聖なる治療薬で、長命の秘薬である。茶樹が育つ山や谷の土は神聖である」と書いている。

茶の女神は、「王冠をいただいた蒸気が立ち上る器」の最古の時代から、夢想を刺激してきた。秦朝の中国の詩人張孟陽は六世紀に、「香りのよい茶は、六つの情念を重ねる」と書いている。輝かしい唐朝は、外からの影響と堅固な伝統の断絶が、中国の詩の時代という形で表れた時期であるが、湖南の詩人盧仝《ろどう》が次のように詠んだのはまさにこの時代である。

一碗喉吻潤、
二碗破孤悶。
三碗捜枯腸、
惟有文字五千巻。
四碗発軽汗、
平生不平事、
尽向毛孔散。

一碗すれば喉吻潤い、
二碗すれば孤悶を破る。
三碗すれば枯腸を捜し、
惟だ文字五千巻有り。
四碗すれば軽汗を発し、
平生不平の事、
尽く毛孔に向かいて散ず。

五碗肌骨清、　　五碗すれば肌骨清し、
六碗通仙霊。　　六碗すれば仙霊に通ず。
七碗吃不得也、　　七碗すれば吃して得ざる也、
唯覚両腋習習清風生。　　唯だ両腋の習々たる清風の生ずるを覚ゆ。

【通釈】

一碗すれば、喉や吻を潤し、
二碗すれば、孤独のもだえをうち破る。
三碗すれば、空きっ腹の中を探り当て、
あらゆる書物が浮かんでくるようである。
四碗すれば、軽く汗ばみ、
平素の不満が、
毛穴に向かって散っていく。
五碗すれば、肌も骨も清らかになる。
六碗すれば、仙人の霊性に通じる。
七碗すれば、もう飲むことは出来ない。

ただ、両脇からそよそよと清風が起こるだけだ。

中国の茶にまつわる物語詩の中で、情感と隠喩に関する限り、最高のものの一つは、茶葉を摘みながら女性たちが歌う『茶摘みの歌』と題されているものである。海洋城生まれの作者による中国の原作は、清朝（一六一六～一九一二）初期に書かれた。この詩全体は、S・ウェルズ・ウィリアムズ法学博士（一八一二～八二）が英語の韻文に翻訳した。彼は、イェール大学の中国語中国文学の教授で、長年中国に住んだことがある。この詩の典型的な節は以下の通りである。

茶摘みの物語詩

この谷を取り囲む千の山々に、私たちの小さな小屋はある
あたりの山腹斜面には、そこかしこに茶が育つ
だから夜明け早くから起きて、できる限り忙しく働かなくてはならない
茶の葉を摘む毎日の仕事を終えるために

ああ、さえずるツバメよ、この丘の回りを上に下に飛べ

しかし、私が高い松蘿に次に上ったら、私はガウンを着替える、きっと
そして、そでをまくり上げ、腕を十分見せる、腕は見栄えがいいから
ああ、色白で丸々太った腕がもしあったなら、その腕は私のもの

学者でもあった皇帝乾隆（一七一一～九九）は、茶を含む広範囲の話題について書いた、精力的で執念深い詩作家だった。彼の書いた短い詩の多くは、十八世紀の中国のティーポットを飾っている。例えばこんな詩だ。「茶が生み出すこの上ない穏やかな状態を、あなたは味わい感じることはできるが、ことばで表現することはできない。この貴重な飲料は、悲しみをもたらす五つの原因を取り去ってくれる。」

日本では、嵯峨天皇（在位八〇九～八二三）の弟である淳和皇子は、彼の韻文の多くの着想を茶に見いだした。江戸時代の詩人であり歴史家でもある頼山陽は茶をいれることについて書いているし、俳人鬼貫は、茶についての俳句をいくつか作っている。

十七世紀の最後の四半世紀にフランスの二流の詩人の影響を受けて、イギリスの文学はかろうじて新しい段階に入っていた。この時代に、エドマンド・ウォラー（一六〇六～八七）は、茶についての最初のイギリスの詩を、ブラガンサのキャサリンに贈る誕生日の歌として書いた。

ヴィーナスの神木ギンバイカ、アポロンの月桂冠、
茶はそのどちらにも勝り、ヴィーナスも褒め称えてくださる。
この最高の女王にして最高の薬草は
あの恐れを知らぬ国のおかげ。
日出ずる麗しの地へと導く。
その豊穣なる産物は賞賛に値する。
ミューズの友なる茶は極上の助けとなる。
頭を襲う憂鬱を抑え
魂の宮廷を穏やかに保ち
女王を誕生日に称えるのにふさわしい。

ドライデンの『雌鹿と黒豹』を諷刺して、マシュー・プライアーとチャールズ・モンタギュは、一六八七年に『街の鼠と田舎の鼠』という詩を書いた。この詩の中の韻では、「tea」という単語に「ティー」という現代の発音が与えられている。もっとも、これは単なる詩作上の許容だったのかもしれないが。

「そして私は覚えています」としらふの鼠が言った。

「ウィッツ・コーヒー・ハウスについて私はたくさんの話を聞いてきました。」

「そこへ行って、聖職者がコーヒーをすすり詩人が茶をすすっているのを見るとよい」とバンドルが言った。


早くも一六九二年に、サザンの戯曲『妻たちの言い訳』に、登場人物の二人が庭園で茶について語り合っているのを見ることができる。同じ著者が同じく一六九二年に書いた『女中の最後の祈り』でも、別のティー・パーティについて描かれている。

『楽しい結婚式の客』と題した一六九七年の陽気なオランダの歌は、昔の茶愛好家の心の中で常に一番重要だった医学的効能のために茶を絶賛している。

ウィリアム三世とメアリーの宮廷で学のある牧師だったニコラス・ブラディ博士（一六五九〜一七二六）は、『ティーテーブル』という詩を書いた。その詩の中で彼は茶のことを「楽しみと健康の最高の飲み物」と呼んだ。これは、茶に対してこれまで払われた最も優雅な賛辞の一つである。

一七〇九年に、博識なアヴランシュ司教だったピエール・ダニエル・ユエは、パリでラテン語の詩を出版した。その中に、哀愁的な詩の形で茶に寄せた長い詩が含まれている。

アレクサンダー・ポープ（一六八八〜一七四四）が『髪盗人』を書いた一七一一年でも、茶はまだ

「テイ（tay）」と言われていた。その詩には、しばしば引用されるアン女王に対する言及が含まれている。

……堂々たる作りの建造物がある
それは、近隣のハンプトンから名前をとっている……
ここに、偉大なるアンナ、三つの王国が従う女王
ときには相談をし、時には茶を飲む

ポープの詩ボヘアでもまた、流行に敏感な人々によって用いられる茶に対する賛辞がある。「テイ（tay）」と同様、この単語も「ボヘイ（Bohay）」と発音されており、『髪盗人』ではそのような韻を用いられていた。

金に輝く花馬車がわだちを残さぬところ、
誰もオンバーを知らず、誰もボヘイを味わわず

一七一五年に書いた作品の中でポープは、ジョージ一世の戴冠式の後に町を離れた一人の女性につ

いて述べている。いわく、彼女は田舎へ行ったのだが、それは

読書とボヘアの間で自分の時間を分けるため
物思いに耽り、自分一人の茶を注ぐため

ということである。

一七一八年にポープは再び、朝九時に茶を飲む当時の貴族的女性について愉快な像を描いている。「彼女は、太陽を見るために目を見開いているふりをし、夜だから寝ているふりをし、朝の九時に茶を飲み、その前に祈りのことばを捧げていただろうと考えられる。」

ロンドンに住むフランス人文士ペーター・アントニー・モットゥーは、『茶に関する詩』を書いて一七一二年に出版した。その詩には、オリンポス山の神々の間でワインと茶の効能について交わされた議論が描かれている。公正なヘーベーは、人を酔わせるワインに変わって茶を用いるようにしようと提案する。著者モットゥーは、以下のような茶に対する呼びかけとともにこの議論を紹介している。

命の飲み物、万歳！　私たちの竪琴はなんと公正に

汝《なんじ》の力が鼓舞する賛辞を響かせることか！
汝の魅力だけが、正しい考えをもたらすことができる
私の主題、私のネクター、私のミューズとなってくれ

この詩のさらに後の方では、茶が再び以下のように喝采を浴びている

茶、天の歓喜、自然の真の富。
その心地よい薬、確実に健康を保証するもの
政治家の助言者、処女の愛、
ミューズの神酒、ジュピターの飲料

一方では茶についての主張を、他方ではワインについての主張を長々と提示した後、ジュピターは以下のことばで茶を支持してこの議論に決着をつける。

神々よ、聞き給え、そして言い争うのはやめ給え、とジュピターは言った
平和が戦争の跡を継ぐのと同じく、茶がワインの跡を継がなければならない

ぶどうによって人々を不和にさせておいてはならない
そうではなく、神々の酒である茶を分け合おう

「茶（tea）」という語の発音は、ポープが『髪盗人』を書いた後、かなり広く「ティー」と変わっていたにちがいない。というのは、モットゥーが一七一二年にそのように韻を踏んでいただけではなく、プライアーも一七二〇年に『恋に落ちた若い紳士』で同じ韻を踏んでこう書いている。

He thanked her on his bended knee;
Then drank a quart of milk and tea

彼はひざまずいて彼女に感謝した
そしてミルク・ティーを一クォート飲んだ

ジョナサン・スウィフト主席司祭（一六六七〜一七四五）は、茶をいれている婦人をこう描いている。

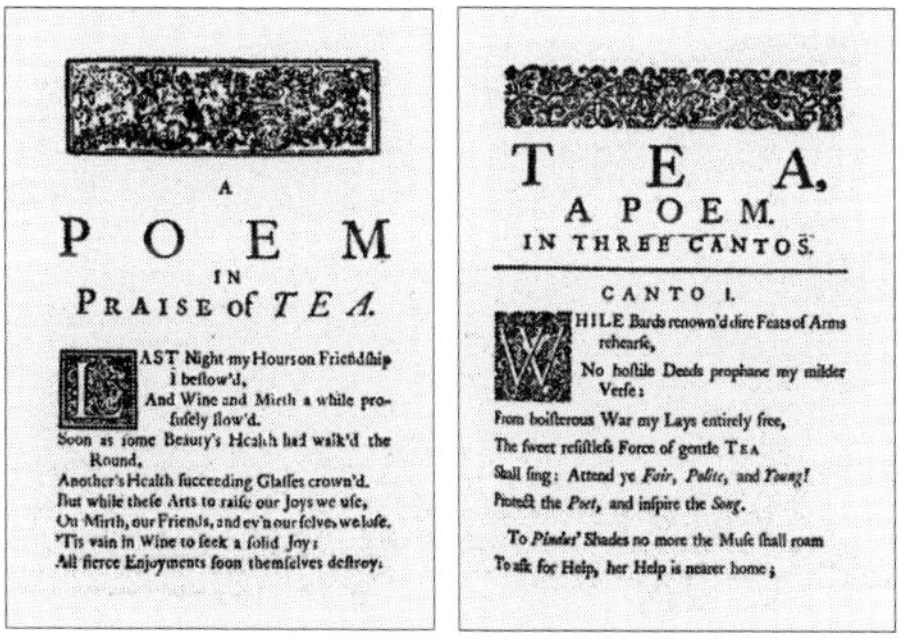
TEA, A POEM. IN THREE CANTOS.

CANTO I.

WHILE Bards renown'd dire Feats of Arms rehearse,
No hostile Deeds prophane my milder Verse:
From boisterous War my Lays entirely free,
The sweet resistless Force of gentle TEA
Shall sing: Attend ye *Fair*, *Polite*, and *Young*!
Protect the *Poet*, and inspire the *Song*.
To *Pindar's* Shades no more the Muse shall roam
To ask for Help, her Help is nearer home;

A POEM IN PRAISE of TEA.

LAST Night my Hours on Friendship I bestow'd,
And Wine and Mirth a while profusely flow'd.
Soon as some Beauty's Health had walk'd the Round,
Another's Health succeeding Glasses crown'd.
But while these Arts to raise our Joys we use,
On Mirth, our Friends, and ev'n our selves, we lose.
'Tis vain in Wine to seek a solid Joy:
All fierce Enjoyments soon themselves destroy.

茶について書かれた18世紀の詩

潔癖な人、あだっぽい女、意地の悪い老婆の
騒々しい大家族に囲まれて

『茶、三編の詩』と題する九百語以上からなる寓話的な詩が、一七四三年にロンドンにおいて匿名で公刊された。

この当時すでに、茶をいれることは婦人の私室での重要な社会的儀式となっていた。イギリス上流階級の婦人たちは、正午近くまで起きてこないで、服を着飾っている間、自分の私室に友人と求愛者を迎え入れるというフランスの習慣を取り入れていた。詩人ジョン・ゲイ（一六八八〜一七三二）は、はじめモンマス女公の秘書として仕えていたのだが、以下の詩行でこの習慣に触れている。

正午（女性にとって朝の時間だが）に
茶の美味なる花をすする

サミュエル・ジョンソン博士は、一七七〇年に、バラード形式の詩を嘲笑して以下の韻文を即興で作った。

ではそれを聞きなさい、親愛なるレニー
　そしてしかめ面で聞いてはいけない
茶をそんなに速くいれられるはずがない
　だから私はそれをぐいっとすぐに飲むことができる
それゆえ私は、親愛なるレニー、汝に祈る
　汝が私に与えんことを
クリームとよくほぐした砂糖を入れて
　もう一杯お茶を

十八世紀初頭のイギリスの詩に見られた誇張した優雅さの後に、素朴で簡潔な美しさがあるのは、ウィリアム・クーパーによる「元気づけてくれるカップ」への賛辞である。この有名な一節は、一七八五年に出版された長編詩『課題』に載っており、バークリー司教のことばを借用して、こう書いてある。

さあ、火をかきおこし、雨戸を急いで閉めよ

カーテンを垂らし、ソファの向きを変えよ
ブクブクシューシュー音のしている紅茶沸かしが
　もうもうと湯気の柱をあげる間、
元気づいているが酔っていないカップが一人一人に仕える
　だから平和な夜の到来を歓迎しよう

次の十九世紀にはバイロンが、「中国の涙のニンフである緑茶に突き動かされて」感傷的になったとため息をついた。

アメリカでは、茶に対する偏見のいくつかが取り払われた後、初期の名も知れない茶の指導者が、『ラム酒の水差しと茶の皿』と題したビラを書いて印刷した。この原物は、ボストン公共図書館のティクナー・ルームに保存されている。「水割りラム酒に楽しみを見いだす人もいるが、そういう人にはそうさせておけ」とこの無名の詩人は書いた。さらに続けて

　私には、一皿の茶の方がもっと楽しみだ
より柔らかな喜びをもたらしてくれるし、騒々しさを引き起こさない
そしてさもしいたくらみは決して育まない

ジョン・キーツ（一七九五～一八二一）は、「トーストを少しずつかじり、ため息で茶を冷ましている」恋人たちに言及している。ウィリアム・ホーン（一七七九～一八四二）は一八二三年に、『古代のミステリー、クリスマス・キャロルなど』を出版したが、その中には、フランシス・ホフマンという人物がキャロライン女王に献呈したと言われている「ペコー・ティー」についての奇異なクリスマス・キャロルが含まれている。

ハートリー・コールリッジ（一七九六～一八四九）は、「誰か私の才能を鼓舞し、私の茶が出るように」してくれと頼んでおり、その後にこう書いている。

　私は、いつも中庸を保つのだが
　七杯目の緑茶をたった今断ったところだ

シェリー（一七九二～一八二二）は勝ち誇ってこう書いた。

　医者がののしるその液体、そして私は
　彼らのことばにもかかわらず通院する、そして私が死んだ時

茶を飲んで最初に死んだのはどちらか、コインを投げて決めよう

テニソン（一八〇九〜九二）は、アン女王の治世についてこのように歌った。

帯状装飾のティーカップの時代
　そしてあて布がすり切れた時代

アフタヌーン・ティーという魅力的な習慣は、ブラウニング（一八一二〜八九）が以下のように触れている。

あの仲間たち、あの調和した思慮と機知を、
家でのアフタヌーン・ティーとともに私たちは知っている

ブラウニング夫人は、あまり思いやりのない気持ちで、次のような女性について述べている。

夜自分の武夷茶を砂糖で甘くする時

自分の評判で甘さをそえる

『ボストン』という題の愛国的詩は、一八七三年十二月十六日に、ボストン茶会事件百周年にあたって、ラルフ・ワルド・エマーソンが読んだものだが、こう始まっている。

ジョージからイギリス王位について悪い知らせがあった
「あなたはよく栄えている」と彼は言った
「今、あなたは茶に税金を払わなければならない
それはごく少額で、全く負担にならず
その要求を送るのは、十分な栄誉である」

その結果はこのように記録されている。

荷が届いた！　誰が責めることができるだろうか、
もしインド人が茶を奪ったとしても。
そして、一箱一箱、同じものを

笑いの海に投げ込ませておこう
鋤か帆に役立つもののために
もし土地か命か自由が切れたなら。

オリバー・ウェンデル・ホルムズ（一八〇九〜九四）は、『ボストン茶会事件の物語』の中で、この事件について以下のような最終的な論評をしている。

反逆者の湾の水は
　茶葉の風味を保ってきた
私たちが昔からなじんでいるノース・エンダーズはしぶきの中で
　いまだに熙春茶の味がする
そして自由のティーカップはいまでも満ちあふれている
　いつも作りたての神酒で
彼女のすべての敵から眠りを奪うために
　そして目覚めつつある国々を元気づけるために

『ティー・アンド・コーヒー・トレード・ジャーナル』は一九〇九年に、インド茶の魅力について韻文の形でE・M・フォードが書いた以下のような賛辞を公刊した。

茶牧歌

アッサムに彼女の太古の家族が住んでいた
そしてそこで優美なインド・ティーが恋を知らずに育った
彼女の愛を得ようと思い焦がれた者が恋い慕うまで
太陽に引き寄せられ風に導かれて
大海の国からクリスタル・ウォーター王子が来た
しかしフォーリング・デューがその花嫁の前に進み出て求めた
「この咲き誇る花は生まれた時から私に与えられていた
そして自然が同意を与えた」――しかしインド・ティーは
愛する人の方を向きむせびながら言った
「私が結婚したいのはクリスタル・ウォーター王子とだけです」
そして、それぞれの場所に姿を現して

おせっかいな男が、「私がこの問題を解決しよう」
彼はその二人の競争相手に言った。そして彼の命によって
火によってうかびあがった牢獄の輪郭が広がった
灼熱の風が縮み上がった娘を包み込んだ
すぐにそこへ多くの手によって運ばれて
ティーポットが彼女の人影を受け取った。男は叫んだ、「見よ、
汝が結婚する祭壇を、おぉ、勇敢な求婚者たちよ！」
乗り気のしないフォーリング・デューは望みを捨てて逃げた
しかしクリスタル・ウォーターはその恐ろしい試練をはねのけた
そして、大胆不敵に、恐ろしい暗闇に飛び込み
「道をあけよ」とスティームが叫んだ。すると、見よ、幸運な花婿が
牢獄の入り口を通り抜け、その腕には
インド・ティー嬢が、十倍にも加わった魅力をそなえていた！
二人が結ばれたことを世界中が喝采し、二人は暮らした
クリームと砂糖がもたらす至福に浸りながら

茶に関係する世界の国々を二度目に旅する中で一九二四年に静岡を訪れた時、石井晟一氏が日本語の折句〔各行の頭文字をつなげると語になる詩〕を作ってくれた。その詩は、古い民謡の曲に合わせて作られており、芸者が美しく踊りそれに合わせて踊った。その詩の意味は、次のようなものであった。

「TEAを分解すれば、東洋（日本）とアメリカの友情の絆（Tie of the East and America）を結ぶおいしい仲介役という意味である。」

バルザックは、比類もなく途方もない価値のある茶を限られた量だけ所持していた。彼は決してそれを、単なる知人に出すことはなかったし、友人にでさえも滅多に出さなかった。この茶には、ロマンチックな歴史があった。それは、露に湿った夜明けに若くて美しい乙女が摘んだもので、彼らはその茶葉を中国の皇帝に運んだ。その茶は、皇室の贈り物として、中国宮廷からロシア皇帝に送られた。そして、著名なロシアの公使を通じて、バルザックは貴重な茶葉を受け取った。この金色の茶は、そのうえ、ロシアに輸送される間に人間の血でいわば「洗礼」を受けた。茶を運んでいた隊商を、それを強奪しようとする原住民が残忍にも急襲したのだった。さらにまた、このほとんど神聖とも言える飲料を一杯よりも多く飲むことは神聖冒瀆であり、飲んだ者は視力を失う、という迷信があった。バルザックの大親友の一人であるローラン＝ジャンは、それを飲む時には決まって、まず真顔でこう言った。「また私は、目を危険にさらす。でもその値打ちはあるのだ」と。

コングリーヴ（一六七〇～一七二九）は、一六九四年に書いた戯曲『不誠実な商人』の中で、「茶」と「スキャンダル」を関連づけた最初のイギリス人作家だった。その劇中の登場人物の一人はこう言っている。「彼らは天井桟敷の末端にいて、茶とスキャンダルに引き下がっている。」

ジョン・オヴィントンは、寛容なイギリス人聖職者で当時非常に有名な人物であったが、一六九九年にロンドンで、『茶の本質と特性に関する小論』という学術書を出版した。

茶の流行が広まってきたことによって、あらゆる様式の諷刺が見られるようになった。リチャード・スティール卿（一六七一～一七二九）は、『葬儀、または当世風の悲嘆』と題する喜劇を書き、その中で「茶という液」を笑いものにしている。登場人物の一人は声高にこう言う。「自身の雑草の葉を足下で踏みつけている間に、茶の液を何ガロンも飲み込んでいる様が、目に入らないのか？」と。

女性の口を軽くするものとしての茶は、陽気なイギリスの劇作家・喜劇俳優であるコリー・シバー（一六七一～一七五七）によって、『夫人の最後の賭け』の中で次のようなことばで誉め称えられている。「茶！　汝は柔らかく、汝は節制し賢明で尊ぶべき液体であり、汝は女性の舌を回らせ、微笑みを滑らかにし、心を開き、心からの目配せをさせ、その燦然たる風味のなさのおかげで私は人生の最も幸福な瞬間を送ることができる。どうか私に平伏させてくれたまえ。」

アムステルダムで一七〇一年に上演された喜劇の台本で同年印刷されたものが、現存している。それは『茶に魅惑された淑女』というタイトルである。

ヘンリー・フィールディング（一七〇七～五四）は、一七三〇年頃に出版した彼の最初の喜劇『七つの仮面劇における愛』の中で、「愛とスキャンダルは、茶を甘くする最良のものである」と宣言している。これとほぼ同じ頃、ディーン・スウィフトは、「学者ぶっていると思われることを恐れるために、多くの若い聖職者たちがより厳しく勉学することから逃れてきてしまっている。厳しい勉学の代わりに、遊びにいそしんでしまう。それは、ティーテーブルにつく資格を彼らに与えるためである」。

イギリスの文士アイザック・ディズレーリは、茶をテーマにした『エディンバラ・レビュー』の記事から引用して彼の『文学の珍奇』の中でこう述べている。「この有名な植物の進歩は、真実の進歩と同様なものであった。それを味わう勇気のある者たちの口には非常に合っていたものの、最初は怪しまれていた。少しずつ侵入してくると抵抗にあった。その人気が広まったように思われると乱用された。そして、ゆっくりとして抵抗のない時間という努力と茶自体のもつ美徳とによってはじめて、宮殿から山小屋まで国中を元気づける中で、ついに勝利を確立した。」

聖職者であり随筆家であり才人であったシドニー・スミス（一七七一～一八四五）は、自身の半生を振り返って、しみじみとこう述べている。「茶に関して神に感謝しよう！　茶がなかったら世界は一体どうなっていただろうか？　世界はどのように存在しただろうか？　私は、茶の登場以前に生まれなかったことが嬉しい。」

ワシントン・アーヴィング（一七八三〜一八五九）は、初期のニューヨーク（当時はニュー・アムステルダム）の豪華なティーテーブルの様子を、『活気のないくぼ地の伝説』の中で生き生きと描いている。

ド・クインシー（一七八五〜一八五九）は、こう書いている。「神経の細やかさを生まれつきもっていない人や、ワインを飲むことによって神経が繊細でなくなってきた人で、茶ほどの洗練された刺激物の影響を受けなくなってしまった人たちによって、茶は笑いものにされているが、それでもなお、茶は常に、知的な人々の好む飲料であり続けるだろう。」さらに彼はこうも書いている。「確かに、冬の炉辺に伴うすばらしい楽しみのことは、誰もが知っている。四時のろうそく、炉の前の温かい敷物、茶、美しい茶こし、閉ざされたよろい戸、床まで幅広いひだがなびいているカーテン。こうしたものがなければ、風と雨が荒れ狂った音をとどろかせている。」

ディケンズは、決してジョンソン博士ほどの部類ではなかったが、茶の愛好者だった。『ピックウィック・ペーパー』（一八三六〜三七）の中で彼は、エベネゼル禁酒協会の会合について記述している。その会合では、協会の主要メンバーの何人かが消費する尋常でない量の茶を見て、ウェラー氏が大いに驚きおののいた。

サッカレーは、『ペンデニス』（一八四九〜五〇）の中で「その親切な植物」に熱烈な賛辞を呈した。彼はこう書いている。「その親切な植物が私たちの間にもたらされて以来、その哀れなティーポットはなんとすばらしい腹心の友の役を果たしてきたのだろう。どれほど無数の女性たちが、確かに茶について嘆いたことだろう。どんな病床で茶はくすぶってきたのだろう。どんな興奮した唇が茶から爽快さを受け取ってきたのだろう。自然は茶樹を作った時に、実に親切にも、女性たちに好意を抱いた。そして少し考えて、その空想はティーポットとカップのまわりに、なんという一連の絵と集団を作り集めることだろう。」

ヘンリク・イプセン（一八二八～一九〇六）は、ノルウェイの劇作家・詩人であるが、『愛の喜劇』の中で茶について叙情的に表現している。

詐欺師　はるかなる夢のような東洋で、ある植物が育っている。
　　　　その原産の地は、「太陽のいとこの園」である。
淑女たち　あぁ、お茶！
詐欺師　その通り。
淑女たち　お茶のことについて考えるなんて！
詐欺師　その故郷は「ロマンスの谷」にある。
　　　　荒れ地を千マイルも越えたところだ。
　　　　私のカップを満たしてくれ。感謝する。

茶を手に持ち、すてきなティーテーブルの会話を大事にしよう。

『アジアの光』の著者エドウィン・アーノルド卿（一八三二〜一九〇四）は、疲れを知らない彼のペンから生み出された最も長い文の一つの中で、日本人の茶碗のもつ精神的側面に大きな敬意を払っている。「目に見えないほど少しずつ、小さな磁器の茶碗が、心の中で、雪のような純白の畳、かわいらしく平伏した「娘」がしみ一つない壁の建具、格子のある障子の優美な礼節と楽しく結合する。さらに、これらすべてに、身分の高い人から低い人まで同様に見られる魅力と優雅さと気品ある簡素さが加わる。それは、茶樹のつやつやした葉と銀の花の内にある魂から放たれているかのように、発散されている。一言で言えば、美しくすばらしく静かで甘い日本に本質的に属しており、またそうした日本を半ば形作っているものである。」

ラフカディオ・ハーン（一八五〇〜一九〇四）は、アイルランド系ギリシャ人の作家で、後に日本に帰化したのであるが、自身のことを「中国の空想の巨大で神秘的な遊園地を旅するみすぼらしい旅人」にすぎないと表現していた。しかし、茶樹の起源についての達磨の伝説は、彼を惹きつけた。彼はそれを、一八八七年に出版した『中国怪談集』に収めたこの世のものと思えないほど美しい「茶樹の伝統」の主題とした。通俗的には達磨に帰せられている、瞑想中に眠ってしまったことを後悔してまぶたを切り落としたという伝説について記述した後にハーンは、まぶたが落とされた所の地面から生えたそのすばらしい灌木について述べている。そしてそれを「テー」と名付けた後に、どのようにその賢人がそれについて語ったかを述べている。いわく、「汝に祝福あれ、情け深く、生命をもたらし、徳の高い決意をもった魂に形作られた、甘美な植物よ！　見よ！　汝の名声は、大地の果てまでも広がるだろう。そして汝の生命の芳香は、天のあらゆる風によって最果ての地にまでも運ばれるだろう！　まさしく、いつまでも、汝の液を飲んだ者は、退屈に暮れたり疲労感に襲われたりすることのないほどの爽快さを味わうだろう。彼らは眠気が交錯することも知らず、務めや祈りの時間にまどろみたいとも思わないだろう。汝に祝福あれ！」

「アフタヌーン・ティーの饗宴ほどイギリスの家庭生活の雰囲気を最も顕著に示すものはない」とジョージ・ギッシング（一八五七〜一九〇三）は『ヘンリー・ライクロフトの私記』の中で宣言している。「私の一日の中で最も光り輝く瞬間の一つは、午後の散歩から少し疲れて戻った後に、ブーツをスリッパに履き替え、外出コートからゆったりした着慣れた粗末な上着に着替え、やわらかな肘掛けのある深い椅子に腰掛けて茶盆を待つ時である。……ティーポットが現れるとともに私の書斎の中に漂う、柔らかだがしみ通るその香りは、なんと芳しいことだろう！　最初の一杯のなんと安らかなこと、次の一杯を少しずつ飲むことのなんと落ち着いたこと！　冷たい雨の中歩いた後で、茶のもたらすあたたかな幸福感！　その間に私は、穏やかな所有物の幸福を味わいながら、本と絵画を見回す。私はパイプに目をやる。そして、深く考えているかに見せかけながら、パイプのために刻みタバコを準備するかもしれない。そして確実に、茶の直後ほど、タバコが神経を静めてくれ人間の思想に示唆を与えてくれる時はない。茶自体、穏やかに霊感を与えてくれる。……現代風の客間でのあなたの五時のお茶などなんとも思っていない。この世界が関係している他のすべてのものと同様に、無意味で退屈なものだ。世俗的な意味とは全く異なる意味で、家庭でのお茶について語っているのだ。あなたのティーテーブルに全く不案内な人間を入れることは、冒瀆である。その一方、英国人のもてなしは、ここに最も優しさあふれる側面をもっている。一杯の茶のために立ち寄った時ほど、友が歓迎されることはない。」

一八八三年に、スコットランドの著述家で医学博士であるゴードン・ステイブルズ博士は、『茶――楽しみと健康のための飲み物』という本をロンドンで出版した。この本には、茶を賛美した引用句が数多く収められている。その中に、様々な形で書かれ様々な著者のものだとされてきた一節がある。ステイブル博士は、それを陸羽のことばだとしている。それは以下のような一節である。「茶は精神をやわらげ、心を穏やかで調和のとれたものにする。茶は思考を刺激し、眠気を防止し、肉体を喜ばせ元気づけ、知覚機能を明瞭にする。」アーサー・グレイは、『茶に関する小著』の中で、それを多少敷衍して、全く誤って、孔子のことばだとしている。もっと簡潔なのは、アルフレッド・フランクリンが『私の人生』（パリ、一八九三）に綴ったもので、それを彼は『神農本草』のことばだとしている。「茶は喉の渇きをいやし、眠気を軽減し、心を喜ばせ元気づける。」

一八八四年に、『勉学と刺激物』の著者アーサー・リードは、ロンドンで『茶と喫茶』を出版した。これは、保守派の詩人と作家による茶に言及したことばを集めた学術書である。同じ年に、ボストンのサミュエル・フランシス・ドレイクは『茶葉』を公刊した。これは、ボストン茶会事件に至るまでの激動の事件の歴史をまとめたものである。

喫茶は、イギリス小説におけるあらゆる隙間を埋めていると言われてきた。あるアメリカの随筆家が指摘しているところによれば、ハンフリー・ウォード夫人、オリファント夫人、リッデル夫人、ヤング女史、さらには国外のウィーダといった小説家たちの技法が、門戸を開いていくだろうし、手先の器用な田舎娘やおしきせ服を着た二人の男たちに、事情次第では、茶のための湯沸かし壺を取り入れさせ、この固定した饗宴がおこる間すべてが停止する。こうして、『ロバート・エルズメア』では二十三回、『マーセラ』では二十回、『デイヴィッド・グリーヴ』では四十八回、茶を飲む場面が登場するのだ。

ロシアの小説家ゴーゴリ、トルストイ、ツルゲーネフは、喫茶にまつわる話で隙間を埋めるのにイギリス作家に遅れをとってはいなかった。唯一の違いは、彼らは湯気を立てている真鍮のサモワールという美しい背景を加えたということだった。

一九〇一年に、アッサムの茶園で手伝い仕事をしていた者が書いたと推定される随筆集が、カルカッタで匿名で出版された。それらの随筆は、それ以前に『イングランド人』に掲載されたもので、

『チョタ・サヒブのパイプから立ち上る煙の輪』と題されていた。チョタ・サヒブは、年少の手伝い人のことである。それらの随筆は、こっけいな調子で書かれていて、際立った文学的趣をもっている。

一九〇六年、東京美術学校の創立者、初代校長で、後にボストン美術館の東洋部門と関わった、岡《おか》倉天心《くらてんしん》は、『茶の本』を英語で出版した。この本は西洋の読者の関心を引き付けた、この上なく優れた本である。この著者は、唯美主義の一つの宗教とも言える茶道の始まりと発展をたどり、その後茶の流派の展開をたどり、道教・禅宗と茶との結びつきについて述べ、日本の茶の湯について論じている。真に美的な儀式について、才能ある著述家であり芸術家である者にのみ説けるようなしかたで、彼は書いている。

イギリスの女流詩人であり小説家であるメイ・シンクレアは、『魂の癒し』（一九二四）の中で、午後のティー・サービスについて魅力的な描写をしている。場面はイングランドの田舎町である。そこでは、社会生活が教区教会、牧師館、独身男性牧師のキャノン・チェンバレンを中心に行われている。キャノン・チェンバレンは裕福で魅力的な未亡人ボーシャン夫人を訪ねようとしている。ボーシャン夫人は、この教区に最近になって家を借りたところである。

その時、小間使いの女中が入ってきて、茶に関する品々を持って来た。雪のように白いリネンのはためき、陶磁器と銀食器の愉快な音、熱いバターの匂いがあった。

彼は立ち上がった。

「あぁ！　お茶がちょうど来るところですから、お帰りにならないで下さい。……どうかもうしばらくおいでになって、お茶を飲んでいって下さい。」……

それはとても美味だった。クッションが柔らかい深い椅子に腰掛け、熱々のバターを塗ったスコーンを食べ、彼がこよなく愛した煙るような香りのする中国茶を飲み、仲間たちを見ながら、しかしきゃしゃな手はティーカップと皿のあたりを漂っていた。ボーシャン夫人はティータイムを楽しみ、彼もまたそれを楽しむべきだと固く考えていた。

ティーカップは――彼は気付いていたのだが――、口が広く浅いもので、白地に薄緑と金の模様があり、内側はへりの下に幅の広い緑と金の帯状のすじがあった。彼の鼻の穴は、その香気を吸い込んでいた。

「一体全体どうして、カップにある緑の線は、茶をこんなにもおいしくするのだろう。しかし実際にそうなのだからどうしようもない」と彼は言った。

「えぇ、全くその通りですね」と彼女は興奮して言った。

「紺青色の磁器で濃いインド紅茶を飲ませてくれる家があります。これ以上身の毛もよだつものを想像することはきっとできないでしょう。」

「いかにも。」

「そしてティーカップはすべて、口が広くて浅くなくてはいけないのです。」

「そう、幅広のグラスに入れたシャンパンのようなものなのですね。」

「香りを楽しむために表面が大きくなるようになっているのではないでしょうかね。」

「薄緑の味やら紺青色の味やらがあるなんておかしなことですけど、実際あるのですよ。ただ、私以外の誰もそれに気付いているとは思いませんでした。」

愉快な感覚の一致である。そして、彼自身と同じく、彼女もこれらのことは重大なことだと感じていた。


フランク・スウィナートンは『夏の嵐』（一九二六）で、イギリスのティータイムの情景を、この小説の終わりで背景として使っている。「フォークナーは自分が全く幸福だということをレイン夫人に納得させた後、『他の国々はイギリス人がこんなにもお茶好きであることを笑っている』と言った。『私たちは一日中他のものは何も飲まないと人は考えるかもしれません。しかし、それはとても楽しい食事なのです。全く食事ではない食事ですが、魅力的な社交的習慣なのです。』」

フレデリック・ウィリアム・ウォレスの『中国から来た茶』は、一九二七年にロンドンで出版された著作で、カナダの船乗りについての短編集である。この本は、福州からロンドンへのティー・クリッパー帆船の競争をとりまく話の一つからタイトルをとっている。

ジョージ三世とアメリカ植民者たちの間で交わされた茶に関する有名な論争についての新しい説明として、ヘンドリク・ヴァン・ローンは『アメリカ』（一九二七）の中でこう論評している。「税はとても軽かったというのは十分真実である。一ポンドあたりたった三ペンスだったのだ。しかし、それはやっかいなものだった。というのは、穏やかな市民がおいしい茶を一杯自分でいれるたびに、彼は不公正だと自分が感じている法律を支援し扇動していることになるとわかっていたからだ。結局、つつましいティーカップ（あまりにも多くの嵐のよく知られた光景）は、いくつもの大海を揺らすことになるハリケーンを起こし、それはすべてほんの二十万ドルという予想年間収入をもたらしただけだった。」

一九二九年に英語で出版された曹雪芹と高蘭墅の書いた中国人の生活を描いた好奇心をそそる小説『紅楼夢』は、茶について本当の通であるとはどのようなことかを私たちに垣間見させてくれる。黛《たい》玉《ぎょく》と宝釵《ほうさ》という名の二人の客人に侍女が茶を出している場面でのことである。「その女主人が彼女に、これはどの水かと尋ねると、その女官は前年から貯めておいた雨水だと答えた。……そしてその女官は黛玉と宝釵を別の部屋へと連れて行き、彼らのために特別な茶をいれた。異なる模様がある珍しい宋時代の二つの茶碗に茶を注いだ。彼女自身の茶碗は白ひすいでできていた。『これもまた去年の雨水ですか？』と黛玉は尋ねた。『あなたがそんなにものが分からないとは思っていませんでした』とその侍女はあたかも侮辱されたかのように言った。『この違いがわからないのですか？　この水は、さる寺院で五年前に梅の木から私が集めた雪がとけたものです。その水は、そこにある青い水差しにいっぱいありました。……五年の間、この水は地中に埋めてあって、昨夏にはじめて開けたのです。雨水がこのような明るさと透明度をもつことができるなんて、どうしてあなたは考えることができるのですか？』」

ウィリアム・ライアン・フェルプスの『事物についてのエッセイ』（一九三〇）に収められている「茶に関する随想」は、イギリスのアフタヌーン・ティーの習慣について愉快な論評をしている。

「毎日ちょうど午後四時十三分に、平均的なアメリカ人は茶の渋味を渇望する。イギリス人は、茶の色さえついていれば、湯であろうが熱いレモネードであろうが気にしない。イギリス人の好む茶はとても濃いもので、私には実にいやな味にしか思えない。……イギリス人が茶を好むのには、（コーヒーがまずいということ以外に）いくつかのもっともな理由がある。朝食はしばしば九時（私にとっては朝のまっただなか）にとるため、早い時間の茶が必要になる。夕食はしばしば八時半のため、アフタヌーン・ティーは決して余計なことではない。さらに、イギリスでは一年三百六十五日の中で、暖かい日はごくごくわずかしかない。アフタヌーン・ティーは、楽しくなごやかなだけでなく、イギリスのほとんどの屋内では、血の循環をよくするために本当に必要なことなのである。」

「冬のイギリスの田園邸宅では、茶ほど生活の中で快い瞬間はほとんどない。四時にはもう暗くなっている。家族と賓客が、寒い外気から家に入ってくる。カーテンは引かれ、広々した暖炉の薪は燃え上がり、人々はテーブルを囲んで腰掛け、快適な食事をとる。イギリスで最も魅力的な食べ物は、元気の出る飲み物であるアフタヌーン・ティーで供される。」

アグネス・レプリアーは、『茶について考える』と題するティーテーブルでのおしゃべりのすてきな本を一九三二年に出版した。この本には、十七世紀に喫茶の習慣が始まって以来のイギリスでの喫茶の発展が記録されている。

当世のイギリス作家の中では、『アメリカ素描』の著者ビヴァリー・ニコルズが、茶について熱を込めて語っている。J・B・プリーストリーは、『イギリスの旅』の中で、茶がぞんざいなやり方でいれられているという事実を嘆いている。反対者もただ一人であるがいる。バーナード・ショーは、嫌悪感をもって茶を見ている。彼の嫌悪は、凝り固まった菜食主義者と水しか飲まない人に期待される種類のものである。

もちろん、文学の中だけでなく、有名な作家、俳優、政治家たちの生活の中でも、多くのはかない逸話的な言及が数多く見られる。

ジョンソン博士は、「恥知らずな茶愛飲家」としての名声に恥じない行動をいつもとっていた。劇作家リチャード・カンバーランドは、自分の家で起こった楽しい出来事について語っている。それは、ジョシュア・レイノルズ卿がジョンソンに、茶を十一杯飲んだことに気付かせようと大胆にも試みた時のことである。ジョンソン博士は答えて言った。「閣下、私はあなたがワインを何杯飲んだか数えていません。それなのに一体どうして、あなたは私が紅茶を何杯飲んだか数えたりしたんですか?」さらに続けて、彼は笑いながら付け加えた。「閣下、あなたがそのようなことをもしおっしゃらなかったら、私はこのご婦人をさらなる厄介ごとから免れさせたことでしょう。しかし、あなたは私に、一ダースにもう一杯だけ足りないことを思い出させてしまいました。私は、一ダースを飲み干せるように、カンバーランド夫人に求めなければなりません。」

哲学者カントは、茶とパイプで活力を得るのに何時間も費やした。ウェリントン将軍はワーテルローの戦いで自軍の将官たちに、茶は自分の頭を明晰にし全く思い違いをしないようにしてくれると語った。ヴィクトル・ユーゴーとバルザックはともに、夜仕事をしながら茶を飲んでいたのだが、彼らは茶にブランデーを混ぜると、その後の眠りがより穏やかであることに気付いた。ロングフェローは「茶は魂を静穏にする」と言った。

ウィリアム・ユーアート・グラッドストーンは、著名な茶愛飲家だった。彼はかつて、真夜中の十二時から明け方四時までの間に、英国下院議員のどの二人と比べてもより多くの茶を飲んでいると言った。

ジョン・ラスキンは、茶愛飲家だっただけでなく、ある時にはロンドンのパディントンで茶屋を開いた。それは、貧しい人々が買おうと思えるだけの少量の包みにして彼らに純粋な茶を提供しようとしたためである。しかしながら、この善意の企ては、高く評価されなかった。「貧しい人たちは、華々しい照明に照らされて大層な値札がついたところで茶を買いたいだけ」だったため、その店をやめなければならなかった、とラスキンは述べている。

歴史家のヘンリー・トーマス・バックルは、非常に気難しい茶愛飲家だった。彼は、茶の浸出液を注ぐ前に、カップと皿とスプーンを十分温めておくべきだと言い張った。ジャスティン・マッカーシーは、寛大な愛飲家だった。彼は茶で頭痛がよくなると思っていた。エドワード・ダウデンは、さわやかな空気と茶が唯一確実に脳を刺激するものだと言い切った。

ニコラス・ランクレット《一日の四つの時間：朝》1739年
ロンドン・ナショナル・ギャラリー蔵

第7章

光り輝く時間

茶の化学と健康

一日の中で最も光り輝く時間は、ティー・タイムの一時間である。イギリスとアメリカでは、アフタヌーン・ティーの饗宴として執り行われるだろう。または、もっと親密な含意をもつものであるかもしれない。多くの茶愛好家にとってそうであるように、友と一緒であれ一人であれ、私たちがのんびりと過ごし、魂を誘うような時間であるかもしれない。

この飲料の準備についての議論に進む前に、茶の化学と薬理学についてざっと見て、その健康さについてなにがしかのことを学んでおくのは啓発的なことかもしれない。二十世紀の初め頃になってはじめて、茶の化学について科学的研究がある明確な形をなし始めた。それ以来、相当な進歩が見られたが、このテーマに関する私たちの知識は、いまだに不完全であいまいなものである。

近年では、茶を栽培している地域の実験施設でイギリス、オランダ、日本、中国の化学者が熱心な研究を数多く行ってきた。しかし、茶が最も好まれている国々で飲み物としての茶自体についてなされた研究結果はほとんどない。もしかしたら結局のところ、少なくとも茶愛飲家自身に関する限りでは、そのような研究は必要ないのかもしれない。普通の人々は、茶が楽しい飲み物だと思うから茶を飲むのである。そのような人は、茶を利用し続けたいと思わせてくれるような疑似科学的な議論を必要としていない。茶には、良酒と同じく、「看板はいらない」のである。しかし、茶を宣伝するための新しい角度を探し求めて死に物狂いになっているコピーライターの心には、このことは訴えかけるものではない。最近アメリカ人は、茶に性的衝動を駆り立てる力があるということを知って驚いた。私たちの祖母が、これを聞いたらどれだけあきれたことだろう！　しかしこれは、このテーマについて情欲を起こさせる広告屋の扱い方の一例にすぎないのだ。

暴露が全盛の時代に、あるアメリカ人暴露家はこう言った。「人々はもはや、動物実験に関する印象的な科学的よそおいをした発表や、顕微鏡を覗いている白衣を着た紳士の写真に惑わされることはない。」そして、それは茶についてもあてはまる。あるイギリスの作家は、要点をまとめてこう書いている。「私が茶を飲むのは、びくびくした気持ちを癒やすためでもなければ、軽い興奮剤としてでもない。単に、楽しい飲み物だと思うから茶を飲むのだ。それだけだ。もし私が完璧な紳士でないとしたら、ジェームズ・ジョイスの年老いた母親グローガンと共に、こう言うだろう、『私は、茶をいれる時は茶をいれ、水をいれる時は水をいれるのだ』と。これこそ、望める限り最も立派な信頼できる論法だろう。」

C・R・ハーラー博士は、インド茶協会の化学者を務めていた人物だが、紅茶と緑茶の製造過程でおこる化学的変化と茶の薬理学についていくつかの発見を公刊してきた。茶製造過程に関する彼の科学的結論は、主にその産業に従事している者の関心を引くものであるが、飲料としての茶の利用に関する彼の結論には茶を飲むどんな人でも興味をもたずにいられないだろう。「茶の健康性を否定するために使われる議論は、個人の経験にもとづいてなされているか、茶を過度に摂取することを前提としていることが多い。茶は、世界の多くの場所であらゆる種類の気候の中で生活している人々が飲んでいる。茶がこれだけ広く利用されているという事実をそのまま、茶が健康的な飲み物であるということの証として使うことはできない。しかしながら、茶が非常に広範囲の人々にとって魅力的な存在であることを示すものであるとは言える」とハーラー博士は述べている。

茶が最初に飲まれた中国では、四億余りの人々が一人あたり約二ポンドの茶を飲むが、数世紀後に茶を飲む習慣を取り入れたイギリスの人々は、その約五倍もの量を飲む。この違いはどうしてなのだろうか？ それは、イギリスの湿潤な気候に抗するためだとばかりは言えない。というのは、オーストラリアとニュージーランドは暑く乾燥しているが、同程度の量を消費している。インドでイギリス人は熱い茶を好んで飲むが、現地のインド人も最近茶を飲む量が増加してきている。もちろん、イギリス人とオランダ人の間で茶の人気が高いことには愛国心が関係してきたかもしれない。茶は、この両国で、植民地からの莫大な財産の源だからだ。中国と日本でも、同じことがあてはまる。しかし、こうした理由は、ドイツ、フランス、ロシア、アメリカ、南アメリカでの茶の利用を説明することができない。本質的原因を求めて、もっと深く探求しなければならない。おそらく、茶が与えてくれる楽しみと、茶が約束してくれる健康の中に、その原因を見いだすことができるだろう。茶が消費される理由は、その温かさ、消化のよさ、ぴりっと食欲をそそる味と香り、神経組織と筋肉組織に対する優しい刺激、茶がもたらしてくれるゆったりとした休息にある。

英領インドとオランダで行われた実験を概観してハーラー博士が達したその他の科学的結論は、以下の通りである。

一杯の茶は、平均して、一グレーン〔約〇・〇六四八グラム〕弱のカフェインと、約二グレーンのタンニンを含んでいる。イギリス調剤薬局方で推奨されるカフェインの医療用の一回服用量は、一から五グレーンで、タンニンについては五から十グレーンである。したがって、平均的な一杯の茶には、これら二つの非常に重要な成分がごく少量だけ存在するということがはっきりわかる。カフェインは徐々に注入され、タンニンは消化管を通過する間にタンパク質によって凝固することを思い起こせばなおさら、これが少量であることが実感できるだろう。茶の浸出液は、弱酸性で、ほとんど中性に近い。胃液は茶よりも、少なくとも千倍強い酸性である。

茶に牛乳を加えると、タンニンは牛乳のカゼインによって凝固する。砂糖を茶に加えても、単に甘みが加わるだけで、栄養源としての茶の価値を高めるものではない。牛乳を加えることによって、茶の渋味はほとんどなくなる。

茶の浸出液を飲むと、まずそれは胃に運ばれる。そこでは糖分が通常の食物と同様に吸収される。そしてカフェインの摂取が始まる。茶の温かさがもつ安楽な効果は、すぐに感じられる。しかし、カフェインによる興奮は、約十五分後に始まる。

　タンニンとカゼインの化合物は、他のどの凝固タンパク質とも同じように消化されるだろう。そのように遊離された遊離タンニンは、小腸へと通過していき、そこで軽い収斂作用を起こす。

　少量ではあれタンニンが含まれていることを理由に茶を飲むことに反対する人は多いが、この成分はその発酵物とともに、茶にとって必須のものであって、タンニンを除いた茶など想像し難い。同様にして、カフェインの刺激もまた必要不可欠のもので、カフェインを除いた茶も茶愛飲家にとって全く魅力ないものになるだろう。

　茶は、単なる飲み物以上のものである。茶は補助食品でもある。それは食欲増進に役立ち、さらに消化も助ける。男女を問わず誰でも、幸福感が増すという理由で茶を飲んでいる。それは匂いと味が良いだけでなく、それと同時に気分が高揚し元気が回復する。

　人生におけるあらゆる良い物と同様、喫茶は乱用されているかもしれない。実際、アルカロイドに対する特異な感受性をもった人々は、茶、コーヒー、ココアの利用を控えなければならない。一般的に言って、子どもにはそれらの飲み物が必要ではない。

　緊張状態の高い国々ではどこでも、ある個人的性格のために茶を飲むことが全くできない人々が少数いることが多い。彼らはカフェインに敏感なのである。こうした人々は人類の中では少数の例外者である。イチゴが食べられない人もいるが、だからと言ってイチゴを全般的に非難する正当な理由にはならないだろう。食べ過ぎたら毒になるかもしれない。過食は私たちの病気の多くを引き起こす原因となる。肉を食べ過ぎると、どんなに強い人でも病気が起こる可能性が高くなるだろう。茶はおそらく、乱用されるよりむしろ、誤って糾弾されることの方が多いのではないだろうか。すべて程度問題である。もう少々寛容であってもらいたいものだ。

茶についての寛容さに欠ける内容の本が、数多く出版されてきた。それはコーヒーについても同じだ。そのようなものがあまりにも多いため、茶が飲まれ始めた初期の頃以来絶え間なく続いてきた不寛容に対する最善の答えを集めてみることは、啓発的である。実のところ、茶という話題について自分が何を話しているのかをきちんとわかっているはずの権威者たちによる、いくつか著名な意見を見ることで、ここでは満足しなければならない。まず茶の辺境から見てみよう。

昔の中国と日本の著述家は、茶の美徳について多くのことを誉め称えた。その中で少なからぬものをあげれば、覚醒を促す、禁酒に効果がある、「六つの情念より上に位置する」、肉体が受け継いでいるほとんどすべての病気の特効薬であるため茶自体が一つの薬箱である、といった具合である。旅行家、歴史家、知識階級、聖職者、そして医者たちは、千年以上にわたってこうした考え方を異口同音に唱えた。

十七世紀に、茶は風邪の治療薬としてイギリスで高く称賛された。現在でもそうである。

一七〇二年、パリの薬学部の評議員だったルイ・レマリ博士は、茶は健康によい飲料だと断言し、さらに付け加えて「どんな年齢と体格とも常にうまく合う」と述べた。

一八四二年、ドイツの名高い化学者であるユストゥス・フォン・リービッヒ男爵は、茶を「肝臓の糧」と呼んだ。

ロンドンの『ランセット』誌は、一八六三年に初めて、茶の心理的価値を強調した。人生の戦いは私達の中に欲求不満の気持ちを起こさせる。その感覚の影響のもとで、体組織は急速に疲れ果てる。同誌によると、茶は、「気分に対して不思議な影響がある。事物の見た目を変える、それも良い方向に変える、不思議な力がある。そのため、茶がなければ落胆と絶望のうちに諦めているようなことを、茶の影響で信じたり望んだり実現したりすることができる」。こうして茶は、ヨーロッパの歴史の中で既に文明の救世主と考えられてきたが、さらに現在では文明のしもべとなっている。

茶は酒よりも冷静で穏やかで元気にしてくれると一八八三年に述べたのは、スコットランドのW・ゴードン・ステイブルズ博士だった。

一八八四年には、ロンドンのエドワード・A・パークス教授が、任務中の兵士にとって茶が一段とすぐれた飲料だと認めた。

茶のカフェインが体組織の老廃物を減らすということは、一九〇二年に合衆国博物館のウィリアム・B・マーシャルが発見した。

一九〇四年、ロンドンの王立外科学院フェローで医学博士のジョナサン・ハッチンソン卿は、茶を

「神経の栄養」と宣言した。

一九〇五年、ニューヨークのジョージ・F・シュラディ博士は、茶を機械時代の精神安定剤として描いた。

ウッズ・ハッチンソン博士は、補助食品としての茶の価値を発表した最初の一人である。一九〇七年のことであった。

満州事変で茶を飲む敵国軍の見せる持久力に言及して、合衆国陸軍のカール・ライヒマン大尉は一九〇八年に、茶は理想的な「軍隊用食料」だと述べた。

エディンバラの王立協会フェローで医学博士のC・W・サリービーは、医者仲間の中でも最も強く茶を擁護していた一人である。彼は一九〇八年に、茶は「純粋な刺激剤であって、それによって意気消沈することは決してない」と述べており、後には茶のことを「良きサマリア人のように、憐れみ深い親切なもの」と呼んでいる。

「それは年配の人たちに良い」と一九一二年に言ったのは、ジョージア州アトランタの南部薬科大学の生理学教授ジョージ・M・ナイルズである。この声明は、それよりはるかに前からそれが正しいことを身をもって示してきた何百万という高齢者をさらに元気で楽しくした。

多くの文明国で多数の医師がしばしば、茶が健康によいということについて彼らの仲間の発見を確認してきた。一九二七年、ロンドンのジェームズ・クライトン-ブラウン医学博士は、茶を「偉大な慰めもの」であり「最高のカクテル」と呼んだ。一九二八年、ニューヨークの著名な胃の専門家アーサー・L・ホランド博士は、茶が胃の中で酸性状態を生み出すということが長いこと主張されてきたが、それは正しくないと言った。一九三〇年、シカゴの薬学者ヒュー・A・マッグイガンは、あらゆるもののなかで茶は実際やせることを促すものである、茶は空腹感を低減し過食を防ぐからである、と述べた。

茶の理想的ないれ方

飲料としての茶の適切ないれ方という話題に取り組む時には、それぞれの地域の背景を考慮に入れる必要がある。例えば、イギリスで茶をいれる最も人気の方法が、必ずしもアメリカ人にとって推奨できるとは限らない。それは、ブラジルで最も好まれるコーヒーのいれ方がアメリカ人にとって最高のものだと考えるのと同じことで、実際そうではないのだ。

茶飲料が最初どのように作られ供されたのかを見て、それから主要な茶消費国で今日どのように茶がいれられているのかを見てきた。ここで、イギリスとアメリカという英語を話す二大大国で人々を元気づけている茶を得る手順の中で、科学と快楽主義とが示す最善の手順は何か、手短に吟味してみよう。というのは、この最後の分析で、茶の作法と習慣は、白色人種の間で最高の状態であるということがわかるからだ。気候と国民性を考察すると、イギリスとアメリカで全く異なっているということがわかっても、驚かないようにしよう。

私の友人ハーラー博士は、「茶のよさ」を定義することは難しいと言う。この茶の目利きであるハーラー博士は、優雅な風味と香りのために茶を飲むのであって、彼にとって元気づけてくれたり安らぎをもたらしてくれたりするという性質は二次的な要因である。他方、もしかしたら世界で最も茶を飲む人であるかもしれないこのオーストラリア奥地の移民者は、彼自身の茶のいれ方から判断して、この飲み物のよりすばらしい性質についてほとんど気にかけていない。こうした場所では、茶をブリキの容器に入れてとろ火で煮るのが普通である。この方法では、刺激的な濃い液ができるが、注意深く用意した茶浸出液にある微妙な要素はすべて欠けてしまう。孤独な植民地住民がいれるこのような茶と全く異なっているのが、中国と日本で一日中飲んでいるものだ。これらの国々でいれた茶は、普通非常に薄いもので、単に喉の渇きを癒やす飲み物とほとんど変わらない。

インド、セイロン、ジャワの紅茶の大部分を消費しているイギリス諸島、オーストラリア、北アメリカ、オランダでは、主にその刺激効果のために飲んでおり、それに続いて、紅茶浸出液の中に存在する渋味のあるタンニンとタンニン化合物によって得られる特有の酸味ある荒々しい味または刺激的な味を好んで飲んでいる。この味は、慣れるにしたがって心地よいものになってくる。アルカロイド・カフェインは、茶の刺激の原因となっているもので、薬効のあるほどの量をとればやや苦い味がするが、通常の一杯分の茶に含まれているほどの少量ならほとんど味がしない。

少量摂取したカフェインは、精神力と筋力を増強させ、神経組織や筋肉組織に後から抑制効果をもたらすことがない。タンニンを多くとると、口の粘膜と消化管に有害な効果をもたらす。しかし、注意深くいれた茶一杯に含まれる量では、その有害な効果は無視できる。

こう考えてくると、理想的な茶のいれ方は、最大量のカフェインを抽出し、過度のタンニンを抽出しないようないれ方である。このようないれ方はまた、良い香りと味を保つものである。良い香りと味は、注意深くいれなければ容易に失われてしまう、はかない性質をもっているのだ。

化学者の観点から見ると、茶をいれる際にもっとも重要な二つの要素は、沸かしたての新鮮な湯と、三分から五分の浸出である。使用する茶は、住んでいる地域の水にあったものでなければならない。茶は、硬水よりも軟水の方がよくでる。小さくて厚みがあるどっしりした茶が軟水には求められる。それに対して、すがすがしくしっかりして香りの高い茶が硬水には合う。リヴァプールの水は、近くのウェールズ山地から来るものだが、イギリスで最も軟らかい水で茶をいれるのに最適だと言われている。

水道から汲んだばかりの水が、まず必要不可欠なものである。次に必要なのは、それをふつふつと煮立て、一気に茶葉に注ぐことである。手間どっていると、気の抜けた湯になってしまい、最高の茶をだめにしてしまう。まるで蒸気船と汽車を混ぜたようながっかりしたものになってしまうのだ。

一般的に言って、インド、セイロン、ジャワの茶のような完全発酵した茶は、五分間浸出するのが最も良い。ただし、前アメリカ監督茶検査官のジョージ・F・ミッチェル氏は、アメリカ農業省で数年前に一連の試験をした結果、多少異なる結論に達している。

これらの研究からわかることは、化学的観点から見て完全な茶は、残念なことに、消費者の観点から見た完全な茶と同じではないということだ。化学的見地で言えば、カフェインと溶解可能な全物質の量を最大にしタンニンの量を最小にするような時間の長さは、沸騰した湯を茶葉に注いでから平均三分である。それ以降はタンニンが多く抽出され、カフェインは少量しか抽出されない。しかし通常は、このようにしていれると非常に「やせこけた」茶になる。すべての茶愛飲家が望んでいる「こく」と一定量の刺激がないのである。もちろん、茶にクリームかミルクを加えると、少量の刺激は取り除かれ、さらに望ましくないものになる。この理由のために、ミッチェル氏は、クリームやミルクを入れないで飲む紅茶は三分から四分でいれて、クリームやミルクを入れて飲むものは五分から六分でもよく、また紅茶によっては本当の味わいが六分たって初めて出てくるものもある、と結論づけた。

フランクフルト・アム・マインのメスマーは、実に科学的であると同時に「人間本来の毎日の食物としてはあまりにも有望で優良」だと思われる茶のいれ方を考案した。メスマーの方法は、あらかじめ温めておいた陶磁器のポットにティースプーン一杯の茶葉を入れ、茶葉がひたるまで十分な量のふつふつと煮立った湯を注ぎ、浸出中にすべての葉が開くようにする。五分後に、抽出液をより小さなポットに移す。この手順をさらに繰り返すのだが、そこでの浸出の時間は三分だけにする。その後、二回目の浸出液を最初いれた茶に加える。カップの中で、好みの濃さに応じてさらに湯を加える。この方法によって、刺激と風味と香りが最大で、タンニンが最小という、幸せな組合せを得ることができる。

ミルクは、紅茶に加えるべきである。ミルクは茶の味を豊かでまろやかにし、こくを加えるが、ミルク中のカゼインはタンニンを不溶性にする。

ミルクはカゼインを三・五パーセント含んでおり、これがタンニンを凝結させる。今のクリーム、本物のクリーム、つまりデヴォンシャー・クリーム〔イングランド南西部デヴォンシャー特産の濃厚な固形クリーム〕は、カゼインをほとんど含んでいないが、スキム・ミルクにはカゼインがほとんど残っている。アメリカのクリームは、実際は濃縮したミルクで、そのためイギリスでクリームとして知られているものよりもカゼインをずっと多く含んでいるが、通常のミルクよりはカゼインが少ない。そのため、アメリカ人に対しては、「ミルクかクリームを加えて下さい」と言ってよいかもしれないが、イギリス人には「ミルクを加えて下さい」と言うべきだろう。「クリーム」という単語は、アメリカとイギリスで幾分違った意味をもっているのだ。

砂糖を加えるかどうかは、好みの問題である。茶特有の味を覆い隠してしまいがちだという理由で、砂糖なしで飲む人は多い。

平均的な紅茶一杯に含まれている二グレーンのタンニンによって凝固する肉のタンパク質の量は無視できるほどであるが、肉は紅茶と一緒に食べない方がよい。

茶の種類

一般的に言って、茶は三種類に分けられる。（一）発酵したもの、紅茶、（二）発酵していないもの、緑茶、（三）半発酵したもの、ウーロン茶、である。茶樹はすべての国々で実質的に同じであって、今述べた三種類の違いは、その地域の気候、土壌、栽培といった条件と製造方法によるものである。国や地域や茶園の違いによって何百という異なった特徴の茶があるが、可能なブレンドの数はほとんど無制限である。

発酵した紅茶には、中国工夫茶、または「イングリッシュ・ブレックファスト」ティーなどがあるが、さらに細かく分けると、漢口産の北中国工夫茶（黒い茶葉）、福州産の南中国工夫茶《クンフー》（赤い茶葉）、インド、セイロン、ジャワのもの（黒）となる。

発酵していない緑茶には、主要なものが二種類ある。中国のものと日本のものである。インド、セイロン、ジャワでもそのような緑茶が製造されているかもしれない。

半発酵のウーロン茶は、台湾と福州で手に入る。

「オレンジ・ペコー」は、アメリカの茶商人が想像力をかきたてる道具として使っている用語で、オレンジとは何の関係もないし、特定の種類や性質の茶をさすわけでもない。それは主に、茶の新芽の最初と二番目の葉からなる等級で、あぶった後に、ある一定の大きさの網目のふるいを通して選別したものである。高く育った茶の灌木からとれるオレンジ・ペコーは、とてもすぐれた紅茶である。低い木からとれるものは、山で育てられている木からとれるもっと大きな葉のものほどよくなく、はっきりと劣っているものもある。

何百年もたっているのに、あまりにも多くの人が自分にぴったりの茶の見つけ方を知らないし、自分に合ったものを見つけた後、それをどういれたらいいのかを知らないというのは、驚くべきことである。どの人にも、自分の好みの味に合った茶(一種類または数種類のブレンド)がどこかにあるはずだ。

一ポンドの茶から、百五十から二百カップの茶をいれることができる。したがって、一ポンド一ドルというと一見高価に見えるが、一カップあたりにしたら半セントから三分の二セントしかかからず、しかも濃い茶が必要でないならさらに安くすむ。一ポンド五十セントだと、一杯あたり四分の一セントから三分の一セントになるが、瓶詰めの水だってこれより安くはない。

幅広い種類の茶のブレンドがあり、手間をかけて見つけようとすればその中で自分に最高の満足を与えてくれるものが必ずあるということを知るのは、興味深いことであるが、茶の鑑定人になろうと思っているのでもなければ、徹底的にそれを追い求める時間や気持ちを持っている人はほとんどいない。以下の短い提言は、茶の産出国として最も良く知られている国々の茶を見出しにしており、茶愛飲家の中枢に入っていきたいと思っている人々のための便利な手引きとして役に立つだろう。

【中国茶】　中国の発酵茶の中で最もよく知られているのは、北中国工夫茶《クンフー》、または「イングリッシュ・ブレックファスト・ティー」である。「イングリッシュ・ブレックファスト」というのは、よく知られている言い方で、アメリカで最初に使われたのは植民時代にイギリス人が朝食に飲んでいた紅茶をさして使われた。もともとは中国紅茶だけに用いられていたが、現在では中国の味わいが際立っているブレンドならそれ以外でも含めて用いられている。北中国工夫茶は、濃くて、こくがあり、香りが強い。この茶を試してみようと思うなら、寧州茶または祁門茶《キーメン》を求めるのがよい。この二つは、最もよく知られた地域のものである。湯を注いで四分から五分おく。多くの茶鑑定人にとって、祁門茶よりも優れたものはない。

南中国工夫茶、または赤葉工夫茶は、カップの中で軽い感じがする。最もよく知られている地域は、白琳などである。四分間湯に浸すのがよい。発酵中国茶はどれも、甘味料を入れても入れなくてもよいが、必ずミルクかクリームを入れて出すべきである。

中国の緑茶は、カントリー・グリーン〔湖州茶と平水茶を除く緑茶の西洋での呼称〕と湖州と平水に分けられる。これらは、以下のようにして用いる――珠茶《ガンパウダー》〔葉を粒状に巻いた良質の緑茶〕、インペリアル、若熙春、熙春。それらを試すなら、婺源珠茶か婺源若熙春を求め、五分浸出するのがよい。何も入れずに出すのがよい。

中国茶の中には、ウーロン茶（台湾茶と同様）として知られる半発酵茶がある。これらは、積み出される港の名前をとって、福州茶、厦門茶と呼ばれている。また、中国では香りづけされたオレンジ・ペコーも生産されている。製造過程でジャスミン、クチナシ、ハクモクレンの花で香りをつけた、小種茶《スーチョン》である。

これらの茶をどれもばら売りで購入することができなかったなら、中国茶の含まれている割合が高い良質のブレンドを求めるのがよい。

【インド茶】　インドの茶は、育てられた地域の名前で主に知られている。ダージリン、アッサム、ドアーズ、カチャール、シレット、タライ、クマオン、カングラ、ニルギリ、トラヴァンコールなどである。インド茶の種類はさらに、生産した茶園や地所の名前で識別されている。それらは機械で製造されている。

ダージリン・ブレンドを求めるのがよい。それがインド紅茶の中で、最も良質で微妙な味わいがあるものである。ダージリンは、五分間湯にひたすべきである。砂糖は入れても入れなくてもよいが、ミルクかクリームを必ず入れるのがよい。

ダージリン・ブレンドや、その他のインドの地域の茶をばらで買うことができなかったら、インド茶を含んでいる良質のブレンドのパックを求めるとよい。

【セイロン茶】　セイロンで製造される茶は、主に紅茶である。それらはインドのものと同じように等級づけられている。セイロン茶もまた、生産した茶園や地所の名前で知られている。セイロン茶は、カップに入れた時の特徴を考えに入れて、高地で生育したものと低地で生育したものに広くわけられる。高地で生育したものは、セイロン島内陸部の丘陵地帯で生産され、良質の味と香りで有名である。低地で生育したものは、沿岸部の低地で生産され、ありふれて粗末で、風味に欠けている。

高地セイロン茶か、セイロン茶の割合が高い良質のブレンドのパッケージを求めるのがよい。セイロン茶は、五分間浸出して、砂糖は入れても入れなくてもよいが、ミルクかクリームを必ず入れるのがよい。

【ジャワとスマトラの茶】　オランダ領インド諸島のジャワ島とスマトラ島で生育した茶は、セイロンとインドと同様に、機械化された工程で製造される。それらはほぼ完全に紅茶である。それらの紅茶は、インドのものと同様に等級づけされ、生産した茶園の名前で知られている。

ジャワ紅茶か、ジャワかスマトラの茶が入っている良質のブレンド紅茶を求めるのがよい。五分間浸出し、砂糖は入れても入れなくてもよいが、ミルクかクリームを入れるのがよい。

【日本茶】　日本茶は発酵していない緑茶である。日本茶にはいくつかの葉の種類がある。日本茶は三分から五分浸出し、何も入れないかレモンを入れて飲むのがよい。

遠州〔静岡県西部〕地方、八王子〔狭山地方のこと〕、山城〔京都府南部〕で作られた良質の茶である「揉み切り」か、良質のブレンドのパッケージを求めるのがよい。

【台湾茶】 台湾のウーロン茶は、風味が良く香りがとても良い。半発酵茶のため、紅茶の特徴と緑茶の特徴をあわせもち、それらをブレンドしたものと似ている。

夏収穫した台湾茶か、良質のブレンド・パッケージを求めるのがよい。五分間浸出し、砂糖は入れても入れなくてもよいが、ミルクやクリームは入れないのがよい。

告白すると、私自身忠誠を誓うのは、ダージリンか台湾ウーロンかで迷っている。しかしながらまた、北中国工夫茶、望むらくは祁門紅茶にも目がないし、高地栽培のセイロンも抗い難い。オランダ領インド諸島を旅している時、ジャワ茶が最も満足のいくものだと思ったし、日本では宇治地方の玉露ほどその土地の風景によくあったものはないと思われた。もっとも美味なる折衷は、ダージリンに台湾ウーロンを十パーセントか二十パーセントまぜたら得られるかもしれない。

茶をいれる技術には、三つのことが含まれている。(一)良質の茶葉、(二)沸かしたての湯、(三)適切な時間浸出した後で使った茶葉から茶液を分離すること、である。

中間段階にも重要なことがいくつかあるが、一般的に言って、良質に育てられた茶葉と、汲みたての水からぐつぐつに沸かした湯がなければ、完全な茶はいれられない。

また、茶を浸出させる際には、取り外し可能な茶こしをとりつけたポットか、適切に浸出した後で茶液から茶葉を自動的に分けてくれるポットを使わなければならない。そうでなかったら、茶液を別の容器に注いで、使った茶葉は二度と使ってはならない。磁器のポットほど良いものはない。

すべてのばら売りの茶について一般的に述べると、次のことを行うのが最善である。

一、自分の好みと使おうとしている土地にぴったり合っている種類の茶の中で最高の等級のものを買うこと。

二、汲んだばかりの冷たい、軽い軟水または軽い硬水を用いること。

三、その水をふつふつに煮立てること。

四、一カップあたり、丸い標準的なティースプーンに一杯分の茶を使うこと。

五、熱した陶磁器またはガラスのポットの中で、茶葉の上に沸かしたての湯を注ぎ、用いている茶の種類に応じて三分から五分ひたす。浸出している間、かきまぜる。

六、茶液を別の温めた陶磁器に注ぎ、残った茶葉は二度使わない。

七、茶を温かく保っておき、自分の好みに合わせて、砂糖を入れたり入れなかったり、ミルクやクリームを入れたり入れなかったりする。砂糖とミルクまたはクリームが必要な時は、茶を注ぐ前に、砂糖、ミルクまたはクリーム、という順でカップに入れておく。

一人前のティーバッグで茶をいれる場合について述べると、以下のことを行うのが最善である。

一、温めたカップにティーバッグを入れる。

二、沸かしたてのぐつぐつ煮立った湯をカップにいっぱい入れる。味の好みに合うように、三分から五分ひたす。そして、ティーバッグをカップから取り出す。

三、ポットでいれる場合は、カップ二〜三杯に一つの割合でティーバッグを使う。

四、アイス・ティーには、五から六分ティーバッグをひたしておく。そして氷とレモンを加える。

紅茶は、朝食、昼食、夕食、夜食のどれにも出すことができるが、アメリカの飲食では、午後例えば四時頃に飲むのが格別だと考えられるだろう。この時間帯にこのとても爽快な飲み物を飲むと、家でも会社でも工場でも、疲労を和らげ、仕事の効率を向上させて一日の仕事を気持ちよく成功裏に終わらせてくれるもとになるだろう。茶のもつ不思議な特徴はまた、イギリスで試みられ実証されてきた社会慣習として、客をもてなす人にとって魅力的なものとなっているし、アメリカでも社会的に当を得たことになってきているのは確かだ。

最後に、これだけ言っておきたい。慎み深くあれ、親切であれ、食べ過ぎるな、よく考えよ、人の役に立つことをして生きよ、働き遊べ、笑え、人を愛せよ。それで十分だ。このようにしていれば、不滅の魂を危険にさらすことなく、茶を飲むことができる。

訳者あとがき

本書は、William Harrison Ukers 著『*THE ROMANCE OF TEA: An Outline History of Tea and Tea-Drinking through Sixteen Hundred Years*』（New York, A.A.Knopf, 1936）の抄訳である。

著者のユーカースは、一八七三年にアメリカ北東部ペンシルヴァニア州フィラデルフィアで生まれ（一九五四年没）、高校卒業後十八歳でニューヨークに出てジャーナリストとして執筆・編集に活躍する。彼がその天分をあらわしたのは、コーヒー焙煎業に携わる人々が主な読者であるジェーブズ・バーンズ社の月刊機関紙『スパイス・ミル』の編集者に就任してからのことである。一九〇一年に彼は、『ティー・アンド・コーヒー・トレード・ジャーナル』誌を創刊し（現在も刊行継続中）、主筆を務める。

彼の二大主著といえば、『*ALL ABOUT COFFEE*』と『*ALL ABOUT TEA*』（ともに Tea & Coffee Trade Journal Co.）である。前者は、十七年の執筆期間をかけた八百六十ページにも及ぶ大著で、一九二二年に刊行されている。『*ALL ABOUT TEA*』はさらに膨大な二巻本の書物で、二巻あわせて千ページにもなる。こちらは一九三五年に出版されている。当時手に入りうるありとあらゆる資料をもとにし、また度重なる現地取材（二度の来日を含む）も行った上で執筆したこれら二著は、文字通りコーヒーと茶に関する「すべて」を網羅した古典中の古典である。『*THE ROMANCE OF TEA*』は『*ALL ABOUT TEA*』のエッセンスをまとめた簡約普及版とも言える書物で、同じく『*ALL ABOUT COFFEE*』の普及版である『*THE ROMANCE OF COFFEE*』（New York, Tea & Coffee Trade Journal Co., 1948）の姉妹編である。

『*ALL ABOUT COFFEE*』の日本語訳は、UCC上島珈琲株式会社監訳で『オール・アバウト・コーヒー──コーヒー文化の集大成』（TBSブリタニカ、一九九五年）として出版されている。また、『*THE ROMANCE OF COFFEE*』の日本語訳については、抄訳が『ロマンス・オブ・コーヒー』〈技術編〉（広瀬幸雄訳、いなほ書房、二〇〇二年）、〈歴史編〉（広瀬幸雄・圓尾修三共訳、同上、二〇〇六年）として刊行されている。

『*ALL ABOUT TEA*』の日本語訳については、静岡大学ALL ABOUT TEA研究会が全訳の作業をすすめている。全五十四章のうち日本茶に関する三章文を翻訳したものが、『日本茶文化大全』（知泉書館、二〇〇六年）として刊行されており、残りの章も順次刊行予定とのことである。

本翻訳は、原著が『*ALL ABOUT TEA*』の簡約普及版という性格をもっていること、『*ALL ABOUT TEA*』の邦訳作業も進行中であることなども考慮し、歴史文献的な価値よりも読みやすさを重視し、原著のうち「茶栽培と製茶の方法」と「茶貿易」について扱った二章は割愛した。また、原書に掲載されている図版に加え、『*ALL ABOUT TEA*』などから選んだ図版も掲載し、読者の理解の助けとするだけでなく視覚的に楽しめる本になるよう目論んだ。ただし、歴史的事実に関する正確さを求める読者の便利のため、索引中で主要人物名には原綴りを併記した。

紅茶の歴史・文化に関する本は近年多数出版されている。本書はその中にあって、出版年が一九三六年であるが（そのため当時の情報による古い記述も多少はあるが）、歴史的価値が高いだけではなく、現代の読者が知的興奮を伴って味読するに値するものであると思う。本書の翻訳を開始した頃の二〇〇三年には、イギリス王立化学協会が「完璧な紅茶のいれ方」という文書を発表した。「どうすればおいしく紅茶を飲めるのか」というのは、永遠のテーマとも言える。また、本書校正中の五月二十二日には、「帆船カティーサーク号　修復中に火災」という小さな記事が新聞に載った。本書で熱のこもった記述がなされているティー・レースのクリッパー船の中で、唯一現存する船であった。本書で述べられている歴史的・文化的事柄は、決して「過去のこと」ではなく、現在と大いにつながっていることを感じさせられる。

このような価値ある本の翻訳を持ちかけてくれ、丁寧な編集作業をして下さった、八坂書房三宅郁子さんに感謝の意を表したい。

私の高祖父杉本権蔵は、明治初期に大井川の川越人足を率いて茶畑の開墾事業にあたった。私自身、子供時代には毎夏のように、茶畑を抜け「お茶工場《こうば》」の角を曲がって祖父母の家を訪れていたため、茶畑風景は心の奥に染み付いている。祖父杉本良は、『*ALL ABOUT TEA*』出版と同年の昭和十年に『金谷町と近郊を語る』(金谷町郷土振興會)という小冊子を記し、その中で当時の牧野原茶園や茶業記念碑について述べている。また、禁酒法下のアメリカ訪問記である『禁酒の國を見る』(一九二八年、臺北エスペラント會)では、「烏龍茶の市況」と題する章でまさにユーカースが活躍していた時代のアメリカの茶状況を記し、その表紙には「米國各地の喫茶店で、茶をサーブするときに用ふる小袋に付した」ロゴや図柄がカラーで多数掲載されている。今回の表紙にも単色ではあるがこれをそのまま使用させてもらった。私が茶の古典を翻訳する機会を得たのも、何かの因縁かもしれない。本訳書を、日坂御林に眠る高祖父と、茶所牧の原に程近い金谷に眠る祖父母に捧げる。

二〇〇七年五月

杉本 卓

人名索引

【ア行】

アーヴィング、ワシントン（Irving, Washington） 258
足利義政 165
アスター、ジョン・ヤコブ（Aster, John Jacob） 129
アーノルド、エドウィン（Arnold, Edwin） 260
アルメイダ、ルイス（Almeida, Louis） 66, 67
アンソール、ジェームズ（Ensor, James） 217
イプセン、ヘンリク（Ibsen, Henrik） 259
ヴァーノン、ダニエル（Vernon, Daniel） 100
ヴァルトシュミット、ヨハン・ヤコブ（Waldschmidt, Johann Jakob） 75
ウィッカム（Wickham, R.L.） 70, 71
ウィルキー、ダニエル（Wilkie, Daniel） 217
ウェスレイ、ジョン（Wesley, John） 97, 98
ウェリントン（Duke of Wellington） 270
ウォラー、エドマンド（Waller, Edmund） 239
ウォリック、ナサニエル（Wallich, Nathaniel） 58
ウォレス、フレデリック・ウィリアム（Wallace, Frederick William） 266
宇多天皇 31
ウッド、アントニー（Wood, Anthony） 89
栄西（千光国師） 31, 32, 33, 236
永忠 31
エドワーズ、エドワード（Edwards, Edward） 215
エマーソン、ラルフ・ワルド（Emerson, Ralph Waldo） 251
エルフィンストーン（Elphinstone, G.H.D.H.） 55
オヴィントン、ジョン（Ovington, John） 256
岡倉天心 264
オリヴィエ（Olivier, M. B.） 214
オレアリウス、アダム（Olearius, Adam） 74
オレフ（Oleffe） 217

【カ行】

郭璞 15
カサット、メアリー（Cassatt, Mary） 217
ガスペル・ダ・クルス（Gasper da Cruz） 66
加藤四郎左衛門景正 →藤四郎
ガーネット、ルイーズ・アイヤーズ（Garnett, Louise Ayers） 221
カメロン、ウィリアム（Cameron, William） 55
カント（Kant, Immanuel） 270
カンバーランド、リチャード（Cumberland, Richard） 269
桓武天皇 30
キーツ、ジョン（Keats, John） 249
ギッシング、ジョージ（Gissing, George） 261
（ブラガンサの）キャサリン（Catherine of Braganza） 92, 118
ギャラウェイ、トーマス（Garway, Thomas） 84-86, 88
仇英 211
行基 30
キルヒャー、アタナシウス（Kircher, Athanasius） 76
クインシー、ド（Quincey, Thomas de） 258
空海（弘法大師） 30
クーパー、ウィリアム（Cowper, William） 247
クプレ、ペール（Couplet, Père） 80
クライアー、アンドレアス（Cleyer, Andreas） 36
クライトン-ブラウン、ジェームズ（Crichton-Browne, James） 281
グラッドストーン、ウィリアム・ユーアート（Gladstone, William Ewart） 270
グリフィス、ウィリアム（Griffith, William） 50
グリフィス、ジョン・ウィリス（Griffiths, John Willis） 131, 132
クルックシャンク、ジョージ（Cruikshank, George） 221
グレイ、アーサー（Gray, Arthur） 262
クレッシー、ピエール（Cressy, Pierre） 80
ゲイ、ジョン（Gay, John） 246
ゲーツ、ヨセフ・フランツ（Göz, Joseph Franz） 214
ケンペル、エンゲルベルト（Kaempfer, Engelbert） 23
高蘭墅 267
顧炎武 17
コケル（Kokel, A.） 218
コッブ、ジェームズ（Cobb, James） 126
ゴードン、ジョージ・ジェームズ（Gordon, George James） 49
コールリッジ、ハートリー（Coleridge, Hartley） 249
コングリーヴ（Congreve, William） 256

【サ行】

最澄（伝教大師） 30
サヴィニェ夫人（Sévigné, Mme de） 81
嵯峨天皇 31
サザン（Southerne, Thomas） 241

【タ行】

【ナ・ハ行】

バンクス、ジョゼフ（Banks, Joseph） 48
ハーン、ラフカディオ（Hearn, Lafcadio） 260
ピーコック、トーマス・ラブ（Peacock, Thomas Love） 126
ヒシフニース、L.P.J.ヴィスカウント・ドゥ・ブス・デ（Gisignies, L.P.J.Viscount du Bus de） 38, 39
ピソ、グリエルムス（Piso, Gulielmus） 75
ビッグ（Bigg, W.R.） 216
ピート、ジョン（Peat, John） 44
ピープス、サミュエル（Pepys, Samuel） 87, 93
ビューラー（Beuler, J.） 221
フィールディング、ヘンリー（Fielding, Henry） 257
フェルプス、ウィリアム・ライアン（Phelps, William Lyon） 268
フォーチュン、ロバート（Fortune, Robert） 43, 50
フォード（Ford, E. M.） 253
藤原清輔 235
プチ、ピエール（Petit, Pierre） 81
プライアー、マシュー（Prior, Matthew） 240, 245
ブラウニング（Browning, Robert） 250
ブラディ、ニコラス（Brady, Nicholas） 241
フランクリン、アルフレッド（Franklin, Alfred） 78, 262
プリーストリー（Priestley, J.B.） 269
ブルース（Bruce, C.A.） 48-51
ブルース、ロバート（Bruce, Robert） 48
フール、ジョン（Hoole, John） 126
ブレイニウス、ヤコブ（Breynius, Jacob） 77
ブレットシュナイダー（Bretschneider, Emil） 13
ベトガー（Böttger） 225
ベネット、ヘンリー（Bennet, Henry） 93
ヘルモント、ヨハネス・バプティスタ・ファン（Helmont, Johannes Baptista van） 76
ペン、ウィリアム（Penn, William） 100, 101
ヘンリー、パトリック（Henry, Patrick） 101
ボイルストン、ザブディール（Boylston, Zabdiel） 100
ホガース、ウィリアム（Hogarth, William） 213
ホーキンズ、ジョン（Hawkins, John） 99
ボスヒャ（Bosscha, K.A.R.） 45
ボテロ、ジョヴァンニ（Botero, Giovanni） 67
ポープ、アレクサンダー（Pope, Alexander） 242, 243, 245
ポメ（Pomet） 81
ホランド、アーサー（Holland, Arthur L.） 282
ボール、サミュエル（Ball, Samuel） 12
ポルティリェ（Portielje） 218
ホルベア、ルズヴィ（Holberg, Ludvig） 81
ホルムズ、オリバー・ウェンデル（Holmes, Oliver Wendell） 252
ホーン、ウィリアム（Hone, William） 249
ボンティウス、ヤーコブ（Bontius, Jacob） 75
ホーン、ナサニエル（Hone, Nathaniel） 215

【マ行】

マザラン、カルディナル（Mazarin, Cardinal） 80
マーシャル、ウィリアム（Marshall, William B.） 280
マッカーシー、ジャスティン（McCarhty, Justin） 271
マッグイガン、ヒュー（McGuigan, Hugh A.） 282
マッケイ、ドナルド（McKay, Donald） 139, 140
マッフェイ、ジョヴァンニ（Maffei, Giovanni） 67, 83
マホメッド、ハジ（Mahommed, Hajji） 64, 65
マルティーニ、マルティーノ（Martini, Martino） 75
マン（Mann, H.H.） 50
マンデルスロ、ヨハン・アルブレヒト・フォン（Mandelslo, Johann Albrecht von） 73, 74
ミッチェル、ジョージ（Mitchell,George F.） 285
源実朝 32
明恵 33, 211
ミラー（Miller） 218
ミル、ジェームズ（Mill, James） 126
ミル、ジョン・スチュワート（Mill, John Stuart） 126, 127
（モデナの）メアリー（Mary of Modena） 95
メイ、フィル（May, Phil） 218
メスマー（Messmer） 285
モットゥー、ペーター・アントニー（Motteux, Peter Antoine） 243, 245
モーランド、ジョージ（Morland, George） 215
モリス、ロバート（Morris, Robert） 128
モンタギュ、チャールズ（Montague, Charles） 240

【ヤ・ラ・ワ行】

ヤコブソン（Jacobson, J.I.L.L.） 38-42
ヤング、アーサー（Young, Arthur） 97
ユエ、ピエール・ダニエル（Huet, Pierre

事項索引

【ア行】

【カ行】

訳者紹介

杉本　卓（すぎもとたく）

1962年東京に生まれる。東京大学大学院教育学研究科博士課程単位修得退学。青山学院大学教育人間科学部教授。訳書に『本が死ぬところ暴力が生まれる』『コンピュータを疑え』（ともに新曜社）、共著書に『インターネットを活かした英語教育』（大修館書店）など。

ロマンス・オブ・ティー ―緑茶と紅茶の1600年〈新装版〉

2007年 6月25日　初版第1刷発行
2018年10月25日　新装版第1刷発行

訳　者　杉本　卓
発行者　八坂立人
印刷・製本　シナノ書籍印刷（株）

発行所　（株）八坂書房
〒101-0064 東京都千代田区神田猿楽町1-4-11
TEL.03-3293-7975　FAX.03-3293-7977
URL.: http://www.yasakashobo.co.jp

ISBN 978-4-89694-254-5